燕筵

二十四节气中式燕窝美食谱

主编 徐敦明 苏丹 陈楠

上海科学技术出版

编委会

主 编

徐敦明

苏 丹

陈 楠

编写人员
（按姓氏拼音排序）

陈　楠

黄蓬英

苏　丹

吴　媛

徐敦明

徐敦明

三级研究员，硕士生导师，厦门市第十批拔尖人才，受聘第二届食品安全国家标准审评委员会委员、国家燕窝市场专业委员会专家委员、中国药文化协会燕窝专委会专家委员、中国医药物质协会燕窝专委会专家委员、广东燕窝协会专家委员、厦门市食安委专家委员会副主任委员、供厦食品标准审评委员会副主任委员。燕窝检测国家重点实验室负责人，长期从事燕窝安全研究与检测、食品安全科普，专业于质量安全因子分析。近年，主持、参与35项与食品质量安全相关的国家及省部级科技项目，主持、参与28项国家标准、行业标准的制订与修订。发表学术论文60余篇，出版专著6部，通过授权专利10项，获各类科技进步奖17项、省标准贡献奖4项。

苏丹 纯净燕窝标准制定者，致力于推动燕窝行业的良性发展，让更多喜爱燕窝的用户吃到安心营养的好燕窝。多年致力于纯净鲜炖燕窝工作，坚持原料零漂白，坚持100%手工挑毛，提供更高营养、更高唾液酸的燕窝产品。

陈楠 山东济南人，从事燕窝行业15年，中华燕窝鲜炖联盟创始人、主理人；第一、第二届中华燕窝鲜炖大赛发起人、评委；第三届中华燕窝鲜炖大赛发起人；第四届国际燕窝美食大赛评委。自入行以来，一直致力推动燕窝行业的健康可持续发展，全面普及燕窝滋补常识和燕窝的科学效用。

前　言

　　燕窝是八珍之首，享有"东方鱼子酱"的美称。

　　小时候，我只懂得，民以食为天。在我心中，落日余晖里，归家时刻，最能温暖人心的，便是那屋顶上的袅袅炊烟。厨房是家中最具烟火气的地方，是情感的表达式，是爱的形象化。如今的城市里，虽已看不到炊烟阵阵、牧童晚归的场景，但这并不妨碍归家，看到一桌可口的食物带来的温馨。饭菜，成为爱的最好表达方式，爱他（她）是一道道色香味俱全的菜，爱他（她）是一碗碗散着氤氲气息的粥，爱他（她）也是爱自己。

　　燕子最为念旧，素来"一夫一妻"，两情缱绻，它们筑成的窝，恐怕也是有些浓浓爱的味道吧。用爱化作的食材，带着美好的情感去做一道菜，恐怕世间没有什么比这更叫人觉得浪漫的事情吧？

　　从牙牙学语的孩童，到白发苍苍的老者，二十四节气歌，你我皆耳熟能详。它们不

仅仅是祖先留下来指导农业生产的劳作规律，更是包含了天体运动、四季轮转的真谛。人生于天地间，自然也会受到这规律的影响，我们的身体更是一部精妙无双的机器。若是能将饮食文化与其结合，又何尝不是妙事一件？试想清明雨天的黄昏，收了雨伞，洗手做羹汤，坐在窗前，看着昏黄路灯，雨夜里的匆匆归客，品尝着刚刚炖好的一盅三宝清炖燕窝，清甜在舌尖绽开的同时，幸福在心中流淌，这该是一种何等的享受。

此书送上一桌燕窝美食，每道菜都是润物无声的爱，各式各样的食材融合着燕窝，伴着岁月特有的香气，都有你意想不到的故事。翻开这本书，品尝这时间流转里的一道道佳肴，体会这岁月更迭里的一种种味道，每道菜都可读、可学、可感、可品，为家人，为自己，赴一场人间至味之约！

徐敦明

2022 年 8 月于厦门

目　录

上篇 走近燕窝

燕窝的考证

　　燕窝，顾名思义，即是燕子的窝，为雨燕科动物金丝燕及多种同属燕类用唾液或唾液与绒羽等混合凝结所筑成的巢窝。追溯燕窝历史，可谓是众口不一。据《百事通》一书记载：古时候，中爪哇有个叫沙多罗诺的人，成天异想天开。有一天，他看到许多燕子纷纷飞到海边高山的岩洞里去，心想洞里究竟有什么东西吸引燕子争相飞入呢？于是，他怀着好奇心费了好大劲爬上山崖，钻进洞一看，里面除了挂满了燕窝外别无其他。他敲下一个燕窝看看，细腻滑润，十分可爱，便带了一些回家。起初只是觉得好玩，后来又冒出了试吃的念头，于是，煮了几个燕窝尝尝，竟觉得味道不错。消息传开后，当地人都去岩洞里敲燕窝。经过长期食用，大家普遍感觉身健气舒，精力旺盛，这才明白，那些燕窝原来是个宝。此后，燕窝作为补品便这样流传了下来。沙多罗诺成为世界上第一个发现燕窝和吃燕窝的人。

　　在中国，有人认为食用燕窝的历史可以追溯到唐代。民间多种介绍食疗书刊有提及在唐朝燕窝已由南洋输入。在那个年代，食用燕窝是皇帝与皇族的特权。李约瑟博士在其《中国科学技术史》（四卷第三分册）中也有此说，惜未见原文。有关燕窝，未见有官方明确记载。白寿彝所撰写的《中国回回民族史》（上下），提及宋朝时期的阿拉伯人在中国贩卖各种商品，但没有燕窝一项。

　　另一说法，中国人食用燕窝已有 600 多年的历史，明代郑和是中国食用燕窝的第一人。据传说，1405—1433 年，郑和曾七下西洋。其中一次，远洋船队在海上遇到了大风暴，停泊在马来群岛的一个荒岛处，被困数日，食物紧缺。郑和在无意中发现荒岛的断石峭壁上悬挂着许多白色的鸟窝，于是郑和就命令部属采摘，洗净后用清水炖煮，用以充饥。数日后，船员个个脸色红润，精神抖擞。回国时，郑和带了一些燕窝献给明成祖，皇帝龙颜大悦。从此，燕窝成了中国人割舍不掉的珍馐补品，郑和也成为中国史料记载中最早食用燕窝的人。但，这只是流传于民间的一个传说，未见官方史书记载。

　　明代以前史书无燕窝资料，《明史》"食货志"亦没有记载燕窝，仅在"外国列传"柔佛项下有提及燕窝。在我国文献《燕窝考》一文中提及，最先有燕窝记录的是明朝黄衷之的《海语》（1536）；此后，王世懋的《闽部疏》（1585）及张燮的《东西洋考》（1617）、屈大均的《广东新语》（1700）、谢清高的《海录》（1795）均有燕窝的相关论述。

　　王世懋的《闽部疏》中谓："燕窝菜，竟不辨是何物，漳海边已有之。燕飞渡海中，翮力倦则掷置海面，浮之若杯，身坐其中。久之，复衔以飞。多为海风吹泊山澳，海人得知以货。大奇大奇！"揣其文义，切未以燕窝为食物，更未知可作食疗珍品。只

是作为一种陌生奇货。稍后其同时代之作者屠本畯，在《闽中海错疏》则谓"相传冬月燕子衔小鱼入海岛洞中垒窝，明岁春初燕弃窝去，人往取之"。又谓"一说燕于冬月先衔羽毛绸缪洞中，次衔鱼筑室，泥封户牗，伏气于中，气结而成。明春飞去，人以是得之。圆如椰子，须刀去毛。劈片，水洗净可用"。又引《海语》谓"海燕……春回巢于古岩危壁茸垒，乃白海菜也。岛夷何其秋去。以修竿执取而之，谓之海燕窝。随舶至广，贵家宴品珍之，其价翔矣"。屠氏为浙江宁波之博物学家，但对闽地燕窝仍未详细了解，仅较王世懋进一步谓可作"贵家宴品"，故彼最后谓"待彼都近海人贸之，而后信也"。即希望与产地人士接触，以明了真相。至万历年间，张燮刊行《东海洋考》一书时，对燕窝的认识更进一步，彼谓"燕食海藻，吐以作巢，依石穴上，伏其卵生雏，故多著毛，夷人梯取之"，又谓"海燕……春回巢于古岩危壁……岛夷伺其秋去，以修竿接铲取而粥之，谓之燕窝，宴品珍之"。并指出当时产燕窝地区有"交址、占城、柬埔寨及大泥（即吉兰丹）"等四处。又从张氏记录中，当时燕窝不只是稀有宴席上珍品，且已经大量由上述地区进口。故当万历十七年（1589）燕窝进口已有陆饷则例，已行抽税。至此，燕窝已成为闽粤人士珍贵食品。故《随园食单》有"燕窝贵物，原不轻用"等语。此外，尚有屈大钧的《广东新语》及谢清高的《海录》，对燕窝亦有较详尽记述。据谓燕窝产自丁咖啰、麻六呷、龙牙、新当、乌土、噶喇叭即今之柳城、麻黎、文莱及亚英咖三巴郎等址。而《粤海关志》贡舶篇所载产燕窝之地区，亦有噶喇叭、麻六呷、文莱、占城等地。即今之马来半岛、印尼、婆罗洲及印度半岛南端，此等地区与郑和第七次下西洋所到之处亦吻合。故日本人本田中静在《中国食品事典》一书中，确认燕窝乃郑和在第七次下西洋时带返中国。

有关燕窝药用，早期"医书"及"本草"，均未有燕窝记载。"本草"到宋代大盛，南宋前后，曾大量搜罗天下药物，绘图入册，遍及外来药物。宋元丰五年，《经史证类备急本草》（1082）收载药物共1748种，但没有记载燕窝。明朝李时珍编成了举世瞩目的《本草纲目》，由金陵胡承龙于万历十八年（1590）刊行。该书收载药物多达1899种，也未有提及燕窝。至17世纪末期，江昂的《本草备要》（1694）及张璐的《本经逢原》（1695），收载有燕窝一项，此后有吴仪洛的《本草从新》（1757）、黄宫绣的《本草求真》（1778），以及赵学敏的《本草纲目拾遗》（1871），均有记载。

《本草纲目拾遗》一书，记载最为详尽。燕窝，素燕窝，一名燕菜蔬。"燕窝大养肺阴，化痰止嗽，补而能清，为调理虚损劳疾之圣药。一切病之由于肺虚不能清肃下行者，用此者可治之。"

《本草从新》记载在漳州、泉州沿海，燕类口衔小鱼，春天筑起燕窝，有人采摘。"燕窝，大养肺阴，化痰止嗽，补而能清，为调理虚损痨瘵之圣药，一切病之由于肺虚不能清肃下行者，用此皆可治之。"

周亮工的《闽小记》叙述燕子捕取海上小鱼，粘在岩石上，时间长了即成窝。有黑、白、红三种颜色。黑色品质最差。红色最难采获，对小孩痘疹有效。白色可治愈痰疾。

陈懋仁的《泉南杂志》万历刻本描述福建远海邻近他国处，有燕子名为金丝燕。首尾似燕体形很小，羽毛如金丝。临近产蛋孵鸟，成群结队地围绕海滩岩石，啄食蚕螺。蚕螺背部肌肉有两条筋，像枫蚕丝，坚硬、洁白，食其补虚损，治痢疾症。金丝燕食蚕螺，肉消化而筋不消化，从唾液中吐出来，筑窝在岩石上，时间一长小雏羽毛丰满展翅飞翔，渔民依时采摘，因此叫燕窝。

吴震方的《岭南杂记》摘录：燕窝有数种，日本以菜蔬（素食）供应给僧人食用。这种海燕捕食海边虫，虫的背部有筋不易消化，燕子又从口吐出而成窝，粘在大海山上的石壁，当地人攀援采摘。春时的燕窝白色，夏日是黄色。秋冬季节不要采摘，否则燕子无栖身之处而冻死，次年就没有燕窝了。

王士祯的《香祖笔记》所说：燕窝名金丝。海商云，海际沙洲生蚕螺，臂有两肋，坚洁而白，海燕啄食之，肉化而肋不化，并津液吐出，结为小窝，衔飞渡海，倦则栖其上，海人依时拾之以货。又云，紫色者尤佳。

李调元的《南越笔记》刊载：海滨岩石上有海粉，积结象苔类植物。燕子啄食海粉，吐出来成窝，岩壁间燕窝累累。岛人等到秋天燕子飞走，用竹竿绑上铲子采摘。海粉性寒，经过燕子吞吐后则性暖；海粉味咸，经过燕子吞吐则味甘。与海粉形态和品质都不一样，燕窝可以清痰开胃。燕窝大多黑、白二色，红色少而难得，因为燕子属火，红燕窝尤其精液。一名燕蔬，以其补充草本的不足，故名蔬。北方产榆肉，南方产燕窝，都属蔬类。

纳兰常安撰《宦游笔记》叙记燕窝产自南海及周边国家。春季燕窝色白为上乘品质，秋天黄色燕窝品质次之。一种燕窝微黑而多毛，为拣择后的遗留者，价格也不便宜。怯症长期食用燕窝，能润肺止咳嗽，功效等同人参茯苓。

查嗣瑮撰写的《查浦辑闻》所载南方燕子回归海外水边，难以达到故土。燕子啄食小鱼肉做窝，口衔燕窝飞翔。疲倦时，投窝水中，栖息于窝上休息，又复衔燕窝飞翔。东南风使其飘掠近岸边，当地人获取燕窝。

阮葵生撰写的《茶余客话》云许谨斋黄门，每天清晨起来饮食蔗汁、燕窝一巨觥，以融软为度，而其他人都是生食。终日，不溺（尿）。方以智《物理小识》指出燕窝能降低小便次数。张石顽所作《张氏医通》所言：突发性咳嗽，吐血不止，用冰糖与燕窝同煮连服，目的平补肺胃，而不是阻止病患。而胃中有痰湿、令人欲呕病患者，是由于甜腻恋膈。何惠川所辑《文堂集验方》告知：翻胃久吐，有服食人乳、多食燕窝可治愈。《救生苦海》有报道：治噤口痢白燕窝二钱，人参四分，水七分，隔水炖煮至熟，慢慢食用，立即见效。《北砚食规》有制素燕窝法：先用温水将燕窝一荡，伸直，即浸入冷开水冲。佐料配菜备齐，另锅制作好，竹制漏勺捞出燕窝，将滚水在竹制漏勺捞上淋两三遍，可用，软而不糊，拌匀食用。解食烟毒气。

燕窝的分类

1. 毛燕和草燕

按照燕窝的杂质种类，燕窝可分为毛燕和草燕。毛燕，泛指未加工的燕窝原料，包括屋燕和洞燕，是金丝燕筑的巢，清洁后可食用。毛燕按照杂质多少可分为轻毛、中毛和重毛。轻毛燕窝的杂质占比 10% ~ 15%，中毛燕窝的杂质占比 20% ~ 30%，重毛燕窝的杂质占比 40% 以上。草燕是一种能在各种环境中生存、筑巢的燕子，它们用草丝混合自己的唾液来筑巢。草燕燕窝的价格较便宜，市面上的即食燕窝非常小的部分是草燕燕窝。

2. 白燕、黄燕和血燕

按燕巢颜色可分为白燕、黄燕、血燕。

白燕：米白色燕窝。白燕窝不耐煮，不能炖煮太久，否则会溶化。

黄燕：灰黄色或黄褐色燕窝。燕子吐出的唾液结胶性很强，经空气氧化后就变成偏黄色。

血燕：采摘于山洞岩壁上的燕窝。血燕形成的原因主要有三种情况。一是金丝燕食用海边藻类、深山昆虫、飞蚁等食物，故其唾液含矿物质较多，燕巢容易氧化成红色；二是万年岩壁所含的矿物质经由巢与岩壁的接触面，慢慢渗透到巢内，加上石洞里的天然矿水滴入燕窝而产生颜色上的变化；三是石洞里面的空气非常闷热，越深入洞腹越是闷热，含有矿物质的燕窝受到闷热的空气氧化而转变成灰红或橙红的颜色。

3. 洞燕和屋燕

按照筑巢地点，可分为洞燕和屋燕。

洞燕：洞燕为采自石壁、山洞、岩洞、悬崖上的天然燕窝。洞燕受到大自然气候及天然环境所影响，质地较坚实，颜色较深，多是米色或黄褐色，外形不好看，细毛较多，吸收矿物质也特别多，发头大，浸炖时间较长及较爽口。洞燕在山洞中采摘，现因产量稀少和环保呼声日益高涨而逐渐被屋燕所取代。

屋燕：在屋里养殖的燕子筑的燕窝。屋燕在燕屋中采摘，金丝燕仍是野生，清晨外出觅食，傍晚归来。因为栖息环境较好，燕窝杂质较少，盏形较完整。屋燕特点是品质高、毛少和口感滑，在水中膨胀幅度很大（俗称发头），平均发头有五至七倍。

4. 燕盏、燕条、燕角和燕碎

按照燕窝外观形状，可以分为燕盏、燕条、燕角和燕碎等。

燕盏指的是完整的采摘下来的燕窝，呈半月形状。

燕条指燕窝在采摘、加工以及运输过程中的破盏，或者是燕毛较多的原料，加工后无法成型的燕窝。

燕角就是燕窝黏接在燕板头尾两边的地方，相当于是燕窝的"地基"。

燕碎没有特定的形状，一般是在清洗、加工、运输过程中燕盏破碎掉落的部分，来自燕窝不同的部位，称为燕碎。

5. 干燕窝、即炖燕窝、即食燕窝

按照食用方式，燕窝的种类可以分为干燕窝、即炖燕窝、即食燕窝。

干燕窝通常是毛燕经过简单去杂质处理后得到的干品燕窝，杂质含量相对较少。

即炖燕窝是燕窝经过浸泡、去杂质、干燥、定型等工序制作而成的干净燕窝。其主要优点就是免清洗、免浸泡、免挑杂质，可直接炖煮后根据个人口味加入其他配料一起食用。

即食燕窝是燕窝经过浸泡、挑杂质、分装、灌液、杀菌等工序制作而成，开盖即食，食用方便，保质期长，营养价值不流失。目前市面上的即食燕窝品质参差不齐，其中以官燕盏为原料制作的即食燕窝品质最佳。

燕窝的营养

1. 燕窝的化学组成

燕窝，作为名贵中药和美味佳肴，拥有丰富的营养和药理价值，作为八珍之首，享有"东方鱼子酱"的美称。燕窝的主要营养成分包括水分、脂质、唾液酸（被认为燕窝中最关键的活性成分）、蛋白质、碳水化合物（糖类和蛋白质多以糖蛋白的形式存在）、氨基酸、纤维、无机物质等。但不同种类、来源的燕窝，其各组成及特征不尽相同，王（Wong）归纳了一些不同时期不同来源燕窝的组成及特征研究结果，见表1。另外，2013年，陈昕露对干燕窝的主要营养成分进行研究分析，发现其主要成分有水分（18.2%，直接干燥法）、脂质（0.18%，索氏提取法）、唾液酸（13.47%，比色法）、蛋白质（50.26%，考马斯亮蓝法）、水解氨基酸总量（42.27%，高效液相色谱法，其中含六种人体必需氨基酸）。结果显示，蛋白质和氨基酸含量均非常丰富，脂肪含量与唾液酸相比，都显得极其低。

表 1　燕窝的组成

来源	组成 / 特征	作者 / 参考文献
普通燕窝	由几种营养糖组成：N–乙酰氨基葡萄糖 5.3% ~ 7.2%，半乳糖 16.9%，海藻糖 0.7%	Dhawan, et al., 2002
产自金丝燕属的血燕窝和白燕窝	两种燕窝成分都相同，有脂质（0.14% ~ 1.28%）、灰分（2.1%）、糖类（25.62% ~ 27.26%）以及蛋白质（62% ~ 63%）	Marcone, et al., 2005
产自黑雨燕亚科的燕窝	发现了含有丰富的非硫化的软骨素葡糖氨基葡聚糖的蛋白多糖。蛋白聚糖中含有 83% 的碳水化合物，79%N–乙酰氨基半乳糖和 D–葡糖醛酸	Nakagawa, et al., 2007
产自马来西亚三个地区的白巢金丝燕燕窝（18 个未经处理的样品和 4 个经加工处理的样品）	主要营养物质包括：粗蛋白，各种类型的矿物质（钙、钠、镁、钾、磷、铁、锌、铜），且经加工处理的样品比那些未经处理的燕窝样品有更高含量的矿物质，唾液酸（0.7% ~ 1.5%）所占比例低	Norhayati, et al., 2010

2. 燕窝主要的活性物质

燕窝的主要组成成分是糖蛋白，是燕窝重要的活性成分之一，它使燕窝兼具蛋白质与糖类的两种特性。格林（Green）和克鲁肯伯格（Krukenberg）最早对燕窝进行了研究，他们的研究包括探究燕窝的溶解性、蛋白质反应测试及其水解产物。结果表明燕窝含有碳水化合物及蛋白基团（属于黏蛋白类的糖蛋白）。其中，最具价值的糖蛋白当属唾液酸。

唾液酸又称燕窝酸，是燕窝主要的生物活性成分，在燕窝中主要以 N- 乙酰神经氨酸形式存在，是燕窝中最关键的生物活性成分。正品燕窝的唾液酸含量在 10% 左右。唾液酸具有提高婴儿智力和记忆力、抗老年痴呆、抗识别、提高肠道对维生素及矿物质的吸收、抗菌排毒、抗病毒、抗肿瘤、提高人体免疫力、抑制白细胞黏附和消炎等作用。

燕窝的功效

1. 燕窝的养胃功效

《本经逢原》《本草求真》等历代医书分别记载燕窝"能使金水相生""入肾滋水"。

《本经逢原》记载，燕窝能使金水相生，肾气滋于肺，而胃气亦得以安，食品中之最驯良者。《本草求真》记载，燕窝入胃补中，俾其补不致燥，润不致滞，而为药中至平至美之味者也，是以虚劳药石难进，用此往往获效。精通医药的曹雪芹在《红楼梦》中写道："先以平肝健胃为要，肝火一平，不能克土，胃气无病，饮食就可以养人了。每日早起拿上等燕窝一两，冰糖五钱，用银铫子熬出粥来，若吃惯了，比药还强，最是滋阴补气的。"所以，燕窝是养胃佳品。

2. 燕窝的护肝功效

肝炎患者的营养治疗应注意供给充分蛋白质、低脂肪的食品，忌酒和辛辣煎炸食物，摄食量也不能过多，以保护肝脏，促进肝细胞修复再生和肝功能恢复。高蛋白、低脂肪的燕窝是理想的选择，可与牛奶、红枣等炖煮。

3. 燕窝的健肾功效

肾炎病人在发病初期，忌吃高蛋白饮食，一般每日每千克体重不应超过 1 g 蛋白质，每天可限制在 35 ~ 40 g。这是因为蛋白质在体内代谢后，可产生多种含氮废物，又称"非蛋白氮"，如尿素、尿酸、肌酐等，这会增加肾脏排泄的负担。特别是在肾功能减退、尿量减少的情况下，更会导致血液中非蛋白氮的含量增高，形成尿毒症。肾炎后期，若尿中排出大量蛋白质，并有明显贫血及水肿，且血中尿素氮接近正常值时，又当增加蛋白质饮食，每日每千克体重的蛋白质 1.5 ~ 2.0 g，全天蛋白质总量可在 100 g 左右，而且要采用优质动物蛋白，如牛奶、燕窝、各种奶制品、鸡蛋、鲜鱼、瘦肉等。

4. 燕窝的养心功效

心脏病患者的饮食要注意降低脂肪、限制胆固醇、适量蛋白质和碳水化合物、适量的矿物质和维生素。《医林纂要·药性》记载："燕窝咸能补心，活血。"燕窝作为不含脂肪和胆固醇的优质蛋白质，同时富含矿物质，适于心脏病人食用。

5. 燕窝的明目功效

中医认为眼的生理功能与全身腑脏经络均有关系，尤以肝为密切。所谓"肝开窍于目"（《素问》）；"肝气通于目"（《灵枢·脉度》）。而燕窝对于肝的作用也为历代医方、医书认可。中医讲肝属木，脾属土，木旺则克土，就是说肝火旺会影响脾胃的功能，食燕窝可滋阴平肝，目清神畅也就不足为奇了。

6. 燕窝的清肺功效

润肺是燕窝的经典疗效，为历代医方医术所首肯。肺结核医书称为"虚劳"。《本草纲目拾遗》记载："燕窝大补元气，润肺滋阴，治虚劳咳嗽。"《本草从新》记载："燕窝大养肺阴，化痰止咳，补而能清，为调理虚损痨瘵之圣药，一切病之由于肺虚不能清肃下行者，用此皆可治之。"

燕窝的鉴别

1. 看

优质天然燕窝呈灰白色、黄白色，少许燕窝呈铁红色。燕窝结构呈丝状，纤维很明晰，不厚重；纯正的燕窝无论在浸透后或是在灯光下观看，都是不完全透明，而是半透明。漂白燕窝盏身特别白，颜色均一，难见细小绒毛。加胶处理过的燕窝表面光滑，纤维粘连，甚至呈片状，放在阳光或灯光下还会微微反光，燕盏厚实。

2. 闻

纯正的燕窝有轻微腥味或是木霉味，湿水泡浸之后，腥味更浓郁，干度越高的燕窝腥味越淡，没有强烈化学剂味道或油腻味。

3. 泡

燕窝以水浸泡后会膨胀，常用"发头"形容燕窝的泡发率。发头是指燕窝干身时的重量和泡发后的重量比，一般优质的燕窝发头在 6 到 12 倍不等。燕窝用水浸泡后，水质清透，燕丝丝丝分明，不会结块，取燕窝丝条拉扯，弹性好。

4. 烧

用火点燃干燕窝，有一股头发或动物皮烧焦的味道，且不会产生任何剧烈声响的飞溅火星。劣质燕窝点燃时有类似塑料制品燃烧的刺鼻味。

5. 品

优质燕窝炖完后会有蛋白清香的味道，晶莹剔透，口感细腻爽滑，富有弹性；劣质或是假的燕窝炖煮后，无腥味、有明胶味或是刺鼻的味道，同时没有弹性或成烂糊状。

燕窝的管理

1. 进口燕窝检验检疫及注册管理要求

我国目前针对进口食品检验监管要求主要包括进出口商备案、检疫审批及准入、企业注册、证单要求以及按照食品安全国家标准进行检验等。2011 年市场监测发现进口燕窝产品亚硝酸盐含量超标问题后，原国家质量监督检验检疫总局陆续对进口燕窝注册、备案、核销等认证认可和资质管理等方面作出相关规定。根据《质检总局关于更新＜进口食品境外生产企业注册实施目录＞的公告》（2015 年第 138 号）的要求，自 2016 年 1 月 1 日起燕窝成为继肉类、水产品、乳品之后第 4 个实施境外生产企业注册管理的产品。此外，2021 年 3 月 12 日海关总署通过《中华人民共和国进口食品境外生产企业注册管理规定》（2021 年第 248 号）要求，肉与肉制品、肠衣、水产品、乳品、燕窝与燕窝制品、蜂产品、蛋与蛋制品等 18 种食品的境外生产企业应由所在国家（地区）主管当局向海关总署推荐注册后入境。该规定自 2022 年 1 月 1 日起实施。截止至 2019 年，获得我国注册的境外燕窝产品加工企业有 59 家，包括 34 家马来西亚燕窝加工企业、23 家印度尼西亚燕窝产品加工企业和 2 家泰国燕窝产品加工企业。根据注册管理的要求，境外食品生产企业对输华燕窝产品应提供原产地证书、兽医（卫生）证书，进口食品应按照我国食品安全国家标准进行检验。现阶段进口燕窝产品主要依据卫生部《关于通报食用燕窝亚硝酸盐临时管理限量值的函》进行抽检，亚硝酸盐是目前唯一有据可依的抽检项目，关于燕窝品质、安全指标的规定几近空白。

2. 生产许可审查

毛燕窝是由金丝燕及同类型燕子唾液形成的，经去除粪便、土壤以及一般杂质的初级处理，无霉变，未添加任何物质的产品。食用燕窝（非即食）是指经由分拣、用水浸泡、清洁、去除羽毛、重新塑型、加热烘干、分装等工艺制成的燕窝产品，包括盏状、条状、粒状、丝状、块状等形态，不包括冰糖燕窝等燕窝制品。以食用燕窝为原料，或经清理除杂，添加或不添加其他原料的燕窝，泡发、炖煮或其他熟制工艺、杀菌、干燥或不干燥等工序加工而制成可直接食用的产品称为燕窝制品。

（1）进口毛燕窝及加工备案要求

为保障人民食品安全和国境防疫需要，2014 年原国家质量监督检验检疫总局《质检总局关于进口印度尼西亚燕窝产品检验检疫要求的公告》仅准予食用燕窝及其制品进境。2016 年我国与马来西亚就毛燕窝输华签署相关协议，2018 年 8 月 16 日海关总署发布《关于进口马来西亚毛燕窝检验检疫要求的公告》（2018 年第 107 号），并制定了严格的检验检疫要求。至 2019 年 9 月海关总署才公布第一家获华注册的马来西亚毛燕窝加工企业，并于当年 11 月 20 日实现了对华贸易。目前，我国仅允许马来西亚毛燕窝输华，入境后的毛燕窝经海关总署备案的加工企业进行除疫、清洗、挑拣等初加工后方可上市销售。截止至 2020 年，全国共有 14 家企业通过备案要求具备开展毛燕窝加工资质，其中广西 10 家、福建 2 家、辽宁 2 家。

（2）食用燕窝（非即食）生产许可审查要求

进口后毛燕窝的生产加工应同时符合我国食品生产许可相关规定。目前，广西壮族自治区 2020 年制定并发布食用燕窝（非即食）生产许可审查细则（试行），福建省 2021 年发布《福建省非即食燕窝生产许可审查细则（试行）》。对非即食燕窝生产加工场所要求、设备设施要求、工艺、产品检验等做出明确规定。规定其工艺主要包括备料、分拣、软化、除杂（挑毛）、定型、干燥、包装等工序，检验项目包括感官、净含量、水分、蛋白质、亚硝酸盐。对于微生物指标，食用燕窝（非即食）因其并不可以直接食用，一般作为农品或者食品原料管理，目前尚无相关限量要求。市面上目前有一些以食用燕窝为原料通过进一步地精挑、塑型之后可直接加水炖煮食用的"即炖燕窝"，其微生物控制指标主要通过企业标准控制。

（3）燕窝制品生产许可审查要求

随着国民经济发展和消费水平的提升，燕窝消费群体迅速扩张，燕窝产品的消费从以干燕窝为主向即食燕窝（燕窝罐头、燕窝饮料、燕窝方便食品等品类）、衍生品（美容产品）转变。燕窝行业在快速发展，而相关标准相对滞后。目前燕窝生产企业执行标准大多遵循罐头食品、饮料或方便食品。我国目前未针对燕窝制品制定发布统一的生产许可细则，亟需制定适宜标准以指导和规范产业的健康和可持续发展。

燕窝的标准

1. 国内燕窝标准

近年来，我国监管部门及燕窝行业相关单位为了推动燕窝行业的健康发展，积极推动燕窝标准的制定工作，也陆续制定了部分行业标准、团体标准。2014 年 6 月由中华全国供销合作总社提出、7 个相关的机构和企业联合起草推出国内首个燕窝行业标准 GH/T 1092—2014《中华人民共和国供销合作行业标准 燕窝质量等级》，标准覆盖了燕窝的定义、形态、质量等级规定、检验规则、感官评审方法等，这是燕窝行业向标准化发展的开端。2018 年 3 月由中国药文化研究会提出、15 家企业联合起草的团体标准 T/CPCS 001—2018《即食燕窝》发布，规定了即食燕窝的技术要求、试验方法、检验规则、标签、标志、包装、运输、贮存及保质期要求，这是首个团体标准。由此可见燕窝产业对于标准化的迫切需求。此外，目前国内陆续发布的燕窝相关标准还有：团体标准 T/CPCS 001—2020《鲜炖燕窝》、T/XMSSAL—2020《供厦食品 即食燕窝》、T/CAB 0094—2021《鲜炖燕窝良好生产规范 第 1 部分：原料燕窝管理》、T/CAB 0095—2021《鲜炖燕窝良好生产规范 第 2 部分：生产加工》、T/CAB 0096—2021《鲜炖燕窝良好生产规范 第 3 部分：储运管理》。同时，《食品安全国家标准 燕窝及其制品》、中华人民共和国轻工行业标准《燕窝制品》等也在制定中。从推动燕窝产业标准化建设的角度来看，仅制定国家标准并不能满足行业发展需要，还需要加强行业社团标准和企业标准来推动燕窝行业标准化建设，以加强行业自律、保证产品质量、保护消费者利益。2021 年 3 月 26 日，全国城市农贸中心联合会燕窝标准化技术委员会成立大会在北京召开。为快速推进相关团体标准的制定工作，燕窝标准化技术委员会设秘书处及 6 个分秘书处分别牵头相关业态产品标准的制定。同时，广东省燕窝产业协会也在积极推动《燕窝月饼》《冲泡型即食燕窝》等燕窝相关产品标准的制定。这对于促进燕窝产业良性发展、引导并规范企业健康发展具有积极意义。

2. 国外燕窝标准

相较于国内，国外对燕窝标准的研究开展较早、覆盖面广。马来西亚 2011 年发布国家标准 MS 2334：2011《燕窝规格》，泰国 2014 年发布了燕窝国家标准 TAS6705—2014，印度尼西亚没有制定专门的燕窝国家标准，但在《燕窝良好操作规范》和《进出口燕窝动物检疫措施》中规定了燕窝微生物、外来物质、羽毛及污物、亚硝酸盐等主要指标的限量要求。3 个国家对出口食用燕窝的检验项目及限值要求见表 2。

表 2 马来西亚、印度尼西亚、泰国对出口食用燕窝的检验项目及限值要求

项　目	马来西亚	泰　国	印度尼西亚
感官要求		燕窝的天然颜色和气味，未染色，未添加香味成分	
物理危害			金属、木屑不可见
羽毛、杂质		肉眼无可见羽毛和杂质	肉眼无可见羽毛和杂质
水分含量	15%	15%	
水分活度	1.0		
唾液酸	检出		
铅（Pd）	2 mg/kg		
砷（以 As 计）	0.05 mg/kg		
汞（Hg）	1 mg/kg		
镉（Cd）	1 mg/kg		
铜（Cu）	1.0 mg/L		
铁（Fe）	0.3 mg/L		
亚硝酸盐	30 ppm	30 mg/kg	30 mg/kg
过氧化氢 H_2O_2（食品级 *）（仅适用于洞燕窝）	不得检出		
食品添加剂		不得添加	
农药残留		符合泰国农残标准 TAS 9002 和 TAS 9003	

项　　目	马来西亚	泰　　国	印度尼西亚
菌落总数	2.5×10^6 CFU/g		1×10^6 CFU/g
大肠菌群	1 100 MPN/g		1×10^2 CFU/g
大肠杆菌	100 MPN/g	100 CFU/g	10 CFU/g
沙门氏菌	不得检出		不得检出
金黄色葡萄球菌	100 MPN/g	1 000 CFU/g	1×10^2 CFU/g
蜡样芽孢杆菌		1 000 CFU/g	
酵母	10 CFU/g		
霉菌	10 CFU/g	1 00 CFU/g	

从表 2 可见，三国对于食用燕窝的质量控制比较全面，除对亚硝酸盐含量出口质控要求一致外，涉及的范围和重点上有所差异。马来西亚最早发布燕窝标准，标准涵盖燕窝的定义、一般要求、分级、包装、贴标、抽样、与标准的符合性、认证标识、工厂要求、法律要求等方面；检验检疫项目主要侧重于微生物、重金属及矿物质等方面。泰国在标准中覆盖了燕窝的质量、食品添加剂、农药残留、污染物、卫生、包装、标识和符号、化验分析方法和抽样方法等方面。印度尼西亚规定了燕窝微生物、外来物质、羽毛及污染物、亚硝酸盐等主要指标的限量指标。

3. 燕窝相关检测标准

目前在燕窝性状、结构、活性成分和特征成分等方面的检验技术研究中，已建立了糖类分析法、氨基酸分析法、蛋白质分析法、核磁共振技术、酶联免疫吸附法、非靶向代谢物分析技术、十二烷基硫酸钠聚丙烯酰胺凝胶电泳—糖蛋白染色技术及液相色谱—串联质谱法、指纹图谱分析技术、液相色谱—四极杆—飞行时间质谱法和拉曼光谱技术、红外光谱法和 DNA 序列分析技术等测定方法和鉴别技术。这些方法对燕窝的真伪鉴别和市场监督起了积极的作用。

唾液酸是燕窝中最重要的成分之一，我国针对燕窝唾液酸的测定已发布 SN/T 3644—2013《出口燕窝及其制品中唾液酸的测定方法》、GB/T 30636—2014《燕窝及其制品中唾液酸的测定 液相色谱法》，其中 GB/T 30636—2014 于 2018 年立项修订为《食品安全国家标准 食品中唾液酸的测定》，原标准适用于燕窝及其制品中唾液酸的测定，修订后的第一法液相色谱—紫外检测法适用于燕窝、燕窝投料量不低于 0.5% 的燕窝制品中结合态唾液酸的测定，第二法液相色谱—荧光检测法和第三法液相色谱—

质谱/质谱法适用于液态乳、乳粉、糕点、饮料中唾液酸总量的测定，标准目前处于审定阶段。除唾液酸外，燕窝产品其他理化指标（如水分、亚硝酸盐、蛋白质、铅、总砷等）的测定均直接采用 GB 5009 系列食品安全国家标准。

现阶段燕窝生产企业基本执行罐头食品生产许可，固形物作为罐头产品质量控制的重要指标之一，也广泛地运用于燕窝行业。国家市场监督管理总局于 2020 年 7 月发布 GB/T 10786《罐头食品的检验方法》征求意见稿，标准增加了黏稠谷类和豆类罐头的固形物检验方法及燕窝等其他罐头固形物检验方法，完善了燕窝固形物的测定方法。即食燕窝产品执行罐头食品生产许可的微生物要求符合商业无菌，也有部分企业执行的是饮料生产许可或方便食品生产许可，产品的微生物指标包括菌落总数、大肠菌群、霉菌、沙门氏菌、金黄色葡萄球菌，这些微生物指标的检测均采用 GB 4789 系列标准。随着燕窝产品的不断创新，常规的检测手段已不能满足生产企业质量控制要求，比如对于保质期为 15 天的短保产品，2~3 天的微生物检测周期已严重影响到产品生命周期，因此对于即食燕窝产品微生物快速检测的需求十分强烈。目前只有饮料和乳制品有相关规范支持微生物的快速测定，已有即食燕窝生产企业通过将生产许可证调整至饮料单元以合规采用微生物快速测定方法的实例发生。2021 年 4 月 16 日国家市场监督管理总局已发布关于公开征求《关于规范食品快速检测使用的意见（征求意见稿）》，这或许会为即食燕窝产品的微生物快速测定打开新的通道。

燕窝的溯源

在燕窝的溯源技术研究上，马雪婷等从产地和采收方式以及两者的交互作用等方面对不同来源燕窝中多元素差异分布的原因进行分析，证实基于多元素分析的燕窝产地及采收方式溯源是可行的；黄蓬英等应用 *Cytb* 、*ND2*、*12S* 和 *COI* 基因序列对燕窝进行 DNA 条形码研究，发现这 4 种序列种间变异显著大于其种内变异，可以准确地区分不同种类的燕窝。*Cytb* 基因分支更丰富，是鉴定燕窝原种的良好候选基因。基于 *Cytb* 序列的 DNA 条形码技术可用于准确快速地溯源燕窝的生物基原。在经第三方认证的途径上，主要运用中国检验检疫科学研究院（China Academy of Inspection and Quarantine，CAIQ）研制开发的"中国燕窝溯源管理服务平台"。目前 CAIQ 燕窝溯源包括加贴溯源标签和溯源数据对接两种模式。第一种模式是在燕窝产品的最小销售包装上加贴 CAIQ 溯源标签，消费者直接通过扫描溯源标签获得所购燕窝产品的全程溯源信息。另一种是将 CAIQ 溯源数据融入企业信息系统，消费者通过查询企业溯源标签，可进行燕窝原料到生产过程全链条溯源。CAIQ 码在实现进口燕窝"一盏一码"

上发挥了重要作用，但是该标识为付费使用，导致在燕窝销售过程，常常出现"一码多贴""以假乱真"的现象。2015年5月的消费者维权案也曝光某品牌燕窝企业私自剥离"一盏一码"标签，粘贴于其他食用燕窝进行销售的情况。目前，我国溯源系统中存在缺乏统一、权威的标准，这就不可避免地导致了溯源系统之间不能实现信息共享，溯源系统彼此间不兼容，溯源系统整体运行效率低。因此，急需制定规范、统一的溯源体系，完善溯源过程。

燕窝人的追求

燕窝人追求的是安全、纯净、营养的燕窝制品。

安全，一切的开端。安全是食品的生命线，也是各企业立足食品行业的基础。燕窝回归最原始的手工挑毛燕窝，安全成了纯净的第一要义。

燕窝，没那么多级别。三星、四星、五星、5A、6A、7A、龙牙盏、三角盏……燕窝，真的有这么多级别吗？商家模糊不清，用户无从考证，燕窝，能吃得简单点吗？从毛燕的源头来说，市面上常规分级无非原料毛多毛少，盏大盏小。那么，盏型、毛量决定营养吗？答案是：不，营养是靠检测数据讲话，不是靠毛量多少、盏型大小。

那么毛量决定什么？毛多毛少决定手工挑毛的难度。毛多？费时、费力、费成本，不良厂家便开始旁门左道，五花八门，漂白、涂胶、染色……研究辨别的脚步，跟不上利益驱使的作假速度。毛少？燕窝有绝对的毛少吗，哪怕是极轻毛燕，除去一两根大燕毛，也还有成千上百计的细毛，当不良厂家习惯了毛多时"快捷"处理方式带来的红利，还能静下心来，好好对待一盏燕窝吗？

燕窝，没那么多级别；吃燕窝，可以简单点！不漂白、不涂胶、不染色，纯净即纯手工。

燕窝怎样吃得更营养。吃燕窝，不是吃等级，不是吃形式，是在安全、纯净的前提下吃营养。食品营养带给身体的变化需要长期去感受，但是数据化的营养是可以看见、对比的。好比减肥算热量、燕窝一样可以算营养。

燕窝营养那么多，如何抓住关键指标呢？总结了针对干燕窝的以下三问，帮助精准、专业判断燕窝品质。

（1）干燕窝泡发4小时，泡发率多少？

（2）干燕窝炖煮半小时，胀发率多少？

（3）燕窝唾液酸含量多少？

我们的回答如下。

（1）纯净燕窝泡发 4 小时，泡发率 8 倍以上。

（2）纯净燕窝炖煮半小时，胀发率 20 倍以上。

（3）纯净燕窝唾液酸含量 ≥ 8%，实测可达 12%。

下篇　燕窝美食

清炖燕窝

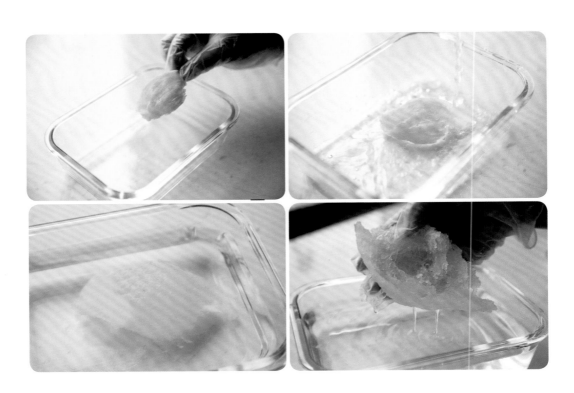

用料 燕窝、水
∨∨

制作

① 将干盏燕窝放入干净的容器内。

② 用纯净水浸发燕窝，注意水的分量需全部盖过燕窝。

③ 燕窝浸 3 小时左右，使燕窝能充分吸收水分。

④ 浸发后可用镊子将燕窝的细毛和杂质去除。

⑤ 把燕窝顺着纹理撕开。

⑥ 反复用纯净水冲洗 3～5 遍后，控水备用。

⑦ 放入燕窝炖煮器皿中隔水炖煮 30 分钟即可。

冰糖燕窝

清炖燕窝 + 冰糖

简单的冰糖燕窝，晶莹澄澈，没有过多的调和，只一种糖分就能把那份多余的腥味去掉，只留纯粹的甜蜜余味。

就这样，简简单单，把这份春日欢喜，送给你。

牛奶燕窝

清炖燕窝 + 牛奶

牛奶燕窝，是白色绵延无边的爱，醇香的口感里，全是满满的关爱。

牛奶，就如往常日子的琐碎，牵着昨天与今日。而加了燕窝之后，则蕴含了更多对未来的期待。无惧时光的、永恒的呵护和爱。爱她，就给她准备一杯牛奶燕窝吧！

立春

立春，万物生暖，大地复苏。

宜养生、驱寒、生阳气。

古籍《群芳谱》对立春解释为『立，始建也。春气始而建立也』。

立春，是二十四节气中的第一个节气，『春』意味着风和日暖，意味着万物复苏，一候东风解冻，二候蛰虫始振，三候鱼陟负冰。跟大家聊一聊春天的好。

《本草再新》记载：『燕窝大补元气，润肺滋阴，治虚劳咳嗽。』

《立春偶成》

宋·张栻

律回岁晚冰霜少，

春到人间草木知。

便觉眼前生意满，

东风吹水绿参差。

立春：初候，东风解冻，阳和至而坚凝散也。二候，蛰虫始振，振，动也。三候，鱼陟负冰。陟，言积，升也；高也。阳气已动，鱼渐上游而近于冰也。

燕窝百合炖海底椰

海底椰：世界上最大的坚果，椰果肉细白，美味可口，可食亦可酿酒、炖汤。

百合：养阴润肺、清心安神，对阴虚燥咳、劳嗽咳血，阴虚有热所致虚烦惊悸、失眠多梦、精神恍惚，可起到养阴清心、宁心安神的作用。

用料
⌄⌄

燕窝、海底椰、百合、乐陵小红枣、冰糖、水

制作

❶ 燕窝泡发 4 小时，沥干备用。

❷ 百合、红枣洗净，用水浸泡 90 分钟。

❸ 海底椰洗净，和红枣一起放入煲内，注入水，以慢火煲 90 分钟，海底椰煲时，水分会大量挥发，只会剩小半的分量。

❹ 燕窝放入炖盅内，注入海底椰红枣水，以慢火炖 30 分钟，即成。

> **小贴士**
>
> 糖尿病患者、腹泻者慎用。冰糖按个人需求添加。

爆浆燕窝汤圆

那白白胖胖的小圆子，寄托着多少思念和祝福！

燕窝、香甜的桂花与红豆，还有在你舌尖跳舞的糯米皮儿，Q弹软糯交融出新的美妙滋味。

或许，那一口咬下你会看到幸福的颜色。

用料
⌄⌄

燕窝、糯米粉、桂花蜜糖、红豆馅

制作

① 燕窝泡发 4 小时，炖煮 20 分钟捞出沥干备用。

② 取糯米粉适量，和成面团。

③ 醒面的同时开始和馅儿。桂花蜜糖加入红豆沙馅中和匀，然后在豆沙馅中加入适量燕窝。

④ 取一小块面用手捏成皮揉成圆团。

⑤ 放入调好的豆沙燕窝馅，包入面皮，揉成圆团（慢慢揉搓，不要太用力哟）。

⑥ 圆滚滚的燕窝汤圆制作完毕！

⑦ 水烧开后倒入燕窝汤圆。

⑧ 煮至汤圆上浮捞出，大功告成！

> **小贴士**
>
> 煮制时水不要放太多，因为天冷燕窝汤圆的温度低，水放多了不易开锅，浸泡时间长，面粉容易脱落，造成浑汤。

竹荪酿燕窝

竹荪：营养丰富、香味浓郁、滋味鲜美，自古就列为"草八珍"之一。

具有滋补强壮、益气补脑、宁神健体的功效。

用料
》
燕窝、竹荪、金华火腿精肉、西兰花、鸡汤、水

制作

❶ 泡发燕窝，备用。

❷ 竹荪用水泡发30分钟后去蒂冲洗干净。

❸ 金华火腿放入滚水中，焯水2分钟，取出切丝。

❹ 西兰花切小朵，洗净，放入滚水中，焯水2分钟捞出过冷水后备用。

❺ 金华火腿精肉丝和燕窝混合，酿入竹荪。

❻ 竹荪加入鸡汤放入深盘容器中盖上盖子，中火蒸30分钟。

❼ 蒸好的竹荪放上西兰花伴碟，即成。

> **小贴士**
>
> 金华火腿焯水有助去油去腥。
>
> 将燕窝及金华火腿精肉丝酿入竹荪时，宜用筷子逐步少量酿入，以免弄破竹荪。

雨水

雨水时节，春风遍吹，冰雪融化，雨水增多。

正所谓「最是一年春色好」，这个季节最让人值得期待了！天气一回暖，整个人的心情也不大一样了，有一种欣欣向荣的朝阳气，有一种蠢蠢欲动的成长气，有一种欢呼振奋的雀跃气。

嗯，二月二了，雨水后几日，坐等天街小雨润如酥，静候满园春色迟迟来。

精通医药的曹雪芹在《红楼梦》中写道："先以平肝健胃为要，肝火一平，不能克土，胃气无病，饮食就可以养人了。每日早起拿上等燕窝一两，冰糖五钱，用银铫子熬出粥来，若吃惯了，比药还强，最是滋阴补气的。"

《谒金门·春雨足》

唐·韦庄

春雨足，染就一溪新绿。

柳外飞来双羽玉，弄晴相对浴。

楼外翠帘高轴，倚遍阑干几曲。

云淡水平烟树簇，寸心千里目。

雨水：初候，獭祭鱼。此时鱼肥而出，故獭而先祭而后食。二候，候雁北；自南而北也。三候，草木萌动。是为可耕之候。

燕窝双米粥

小米：富含维生素 B_1、维生素 B_2，是世界上最古老的栽培农作物之一，是中国古代的主要粮食作物。据《本草纲目》记载：玉蜀黍种出西土，甘平无毒，能调中开胃。小米中含有的核黄素等高营养物质，对人体是十分有益的。

玉米：玉米中的维生素含量非常高，是稻米、小麦的 5～10 倍。

用料
⋙

燕窝、小米、玉米碎、冬瓜角糖、水

制作

❶ 泡发、炖煮燕窝，备用。

❷ 小米、玉米碎，洗净。

❸ 煲滚水，加入小米、玉米碎，以大火煮滚，转中小火慢熬煮成粥（期间不停搅拌）。

❹ 加入冬瓜角糖，转中火，煮约 10 分钟至冬瓜角糖完全溶化，关火。

❺ 加入燕窝，以慢火煮 5 分钟，即成。

> **小贴士**
>
> 熬粥期间要不停搅拌，避免粘锅。

青橄榄鲍鱼瘦肉汤

青橄榄：有清热、清喉利咽、生津止渴、解毒的作用。

鲍鱼：被誉为海洋"软黄金"。可明目补虚、清热滋阴、养血益胃、补肝肾。

鲍鱼壳：又名石决明，有清热平肝、滋阴壮阳的作用。

用料
⌄

燕窝、鲍鱼、瘦肉、青橄榄

制作

❶ 新鲜鲍鱼杀好，鲍鱼壳洗刷干净。

❷ 青橄榄用刀大力拍一下，压得碎裂一
点，容易出味。

❸ 加入瘦肉，一起隔水炖 1 个小时。

❹ 再加入鲍鱼继续炖 30 分钟。

❺ 最后加入燕窝隔水炖 30 分钟即可。

> **小贴士**
>
> 青橄榄自带
> 清香，可以去掉鲍
> 鱼的腥味。

金粒燕窝羹

南瓜：富含多糖类、类胡萝卜素、果胶、矿物质、氨基酸等多种营养成分；能提高机体免疫功能，促进骨骼的发育。

用料 燕窝、南瓜、玉米粒、冰糖、水

制作
❶ 泡发燕窝，沥干，备用。
❷ 南瓜洗净，去皮去籽；再洗净后，切小粒。
❸ 玉米粒洗净。
❹ 南瓜粒和玉米粒放入炖盅内，加纯净水，以中火隔水炖 30 分钟。
❺ 加入冰糖和燕窝，转慢火，再炖 30 分钟，即成。

小贴士

建议使用有机玉米。

惊蛰

惊蛰一过，「桃之夭夭，灼灼其华」，惊醒了冬眠的小动物，也唤醒了春天的梦，我们就要迎来那个草长莺飞的季节。你感觉到，春天的气息了吗？

元代吴澄《月令七十二候集解》：「二月节……万物出乎震，震为雷，故曰惊蛰，是蛰虫惊而出走矣。」

天气转暖，渐有春雷，动物入冬藏伏土中，不饮不食，称为「蛰」，而「惊蛰」即上天以打雷惊醒蛰居动物的日子。二月节，万物出乎震，震为雷，故曰惊蛰。是蛰虫惊而出走矣。

《秦楼月·浮云集》

宋·范成大

浮云集。轻雷隐隐初惊蛰。

初惊蛰。鹁鸠鸣怒，绿杨风急。

玉炉烟重香罗浥。拂墙浓杏燕支湿。

燕支湿。花梢缺处，画楼人立。

惊蛰：初候，桃始华；阳和发生，自此渐盛。二候，仓庚鸣；黄鹂也。三候，鹰化为鸠。鹰，鸷鸟也。此时鹰化为鸠，至秋则鸠复化为鹰。

槐香燕窝

槐花：槐花味苦、性平、无毒，具有清热、凉血、止血、降压的功效。槐花中所含有的芦丁成分，能够有效改善人体血管功能，预防高血压等症状

用料

>>

鲜炖燕窝、糯米粉、粘米粉（大米粉）、白砂糖、鲜槐花

制作

❶ 反复用清水将槐花淘洗干净，摘除杂乱的小树枝。

❷ 将糯米粉、粘米粉和白砂糖混合在一起，倒入矿泉水搅拌，成为大大小小的粉坨和散粉。

❸ 准备一个笼屉，将筛好的粉放入，再撒上干净的槐花，大火蒸10分钟。

❹ 蒸好的软糕带着淡淡的槐花香，大家可以选择喜爱的模具压出精致的形状，撒上槐花装点一下。

❺ 槐花洗净加纯净水加燕窝炖煮30分钟，倒入野蜂蜜，那晶莹清透的燕窝搭配白净如雪的槐花糕，是那样的"岁月静好"。

小贴士

"槐林五月漾琼花，郁郁芬芳醉万家，春水碧波飘落处，浮香一路到天涯。"

踏春出游寻一深山，徘徊到那槐花树间，阳光暖暖地洒在槐花树身上，感受清风徐来，深吸那甜香之气，低眉见落瓣如点点轻霜，那沾了人间烟火的槐花，承载了多少人的珍馐美味！

燕窝炖雪梨

清代的《文堂集验方》有一则治痰喘方："秋白梨一个，去心，入燕窝一钱，先用开水泡，再入冰糖一钱蒸熟。每日早晨服下，勿间断。"润肺是燕窝的经典功效，燕窝对咳嗽的疗效，中医历代医方医书都有记载。

梨：性寒，而把梨煮成汤后能使其寒性降低，而且润肺、润喉、清火的作用更佳。

用料
》》

燕窝、雪梨、话梅、芦根、冰糖、枸杞、银耳、6 年新会陈皮、干桂花、乌梅干、水

制作

① 燕窝泡发后沥干备用。

② 所有材料清洗干净备用；冰糖可增减，银耳提前 1 小时泡发。

③ 梨削皮，梨子皮要留下。

④ 梨挖空，内芯的梨肉切小块。

⑤ 所有辅料一起放入锅里煮 30 分钟。

⑥ 梨肚子中放入燕窝，放入锅中继续炖 30 分钟，撒上干桂花装盘。

小贴士

用匙羹挖走梨核时要小心，避免太用力挖穿底部。

雪梨经炖煮后表面会呈褐色，此乃正常现象。

酒酿炖燕窝

酒酿：甘辛温，含糖、有机酸、维生素 B_1、维生素 B_2 等，可益气、生津、活血、散结、消肿。不仅利于孕妇利水消肿，也适合哺乳期妇女通利乳汁。

用料　燕窝、酒酿、鸡蛋、枸杞

制作
① 燕窝泡发、炖煮沥干后备用。
② 燕窝汤汁放入锅中，加酒酿煮至沸腾。
③ 轻轻地打入搅散的鸡蛋，搅成鸡蛋花后加入枸杞。
④ 最后加入炖好的燕窝即可。

> **小贴士**
>
> 炖的时候不需要加任何调味，等炖完之后可以根据自己的口味适当加入冰糖或蜂蜜。

春分

在草长莺飞的3月里，最适合出门踏青，赏花春游，带上一碗燕窝。

或许梦里的生活，也就不过如此，在桃雨飞花中泅染开来，徐徐展开的便是一幅动人的水彩画。

在漫山的桃花里，随意的摆动都能留下美好的瞬间。

《春分》

唐·刘长卿

日月阴阳两均天，

玄鸟不辞桃花寒。

从来今日竖鸡子，

川上良人放纸鸢。

春分：初候，玄鸟至；燕来也。 二候，雷乃发声。雷者阳之声，阳在阴内不得出，故奋激而为雷。 三候，始电。电者阳之光，阳气微则光不见，阳盛欲达而抑于阴。其光乃发，故云始电。

白扁豆芡实燕窝小排汤

芡实：具有益肾固精、补脾止泻、祛湿止带的功效，主治梦遗、滑精、遗尿、尿频、脾虚久泻、白浊、带下。

山药：山药是入肺、健脾、补肾的佳品。山药黏糊糊的汁液主要是黏蛋白，能保持血管弹性，还有润肺止咳的功能。益肾固精、补脾止泻、助消化、敛虚汗、止泄泻。

用料
⩔

燕窝、淮山药、芡实、白扁豆、北芪、白术、茯苓、猪排骨

制作

❶ 燕窝泡发好，炖煮后沥干备用。

❷ 白扁豆泡水 3 小时。

❸ 猪排骨切段洗净，放入锅内焯水捞出。

❹ 淮山药、芡实、北芪、白术、茯苓用清水洗净，然后将全部用料放进汤煲内，用中火煲 1 小时。

❺ 煲好的汤汁去油，加入燕窝，隔水炖 30 分钟，即可。

── 小 贴 士 ──

　　芡实比较硬，难煮开，淘洗干净后建议提前泡 1 小时左右。
　　淮山药削皮泡水，这样可以防止氧化变黑。削皮的时候建议在水龙头底下流水操作或戴手套。山药的黏液弄到手上会痒。

清新甜爽香茅燕窝饮

香茅：亦称为香茅草，为常见的香草之一。因有柠檬香气，故又被称为柠檬草。治疗风湿效果颇佳，兼具治偏头痛、抗感染、改善消化、除臭、驱虫功能。还能收敛肌肤，调理油腻不洁皮肤。

用料
〉〉

燕窝、新鲜香茅、新鲜香兰叶、冰糖、水

制作

① 将香茅、香兰叶洗净切段备用。

② 燕窝与香茅、香兰叶一起放入炖盅。

③ 炖盅内加入水，炖盅外添加水至炖煮水位。

④ 炖煮 25 分钟后，取适量冰糖放入炖盅。

⑤ 继续煮 5 分钟，一碗香茅燕窝饮就完成了。

小贴士

香茅要有根，根和叶子一起煮最好。

沙参玉竹燕窝露

沙参：甘而微苦，有滋补、祛寒热、清肺止咳，也有治疗心脾痛、头痛、妇女白带之效。主治气管炎，百日咳，肺热咳嗽，咯痰黄稠。根煮去苦味后，可食用。

玉竹：具有养阴润燥，生津止渴之功效。常用于肺胃阴伤，燥热咳嗽，咽干口渴，内热消渴。

用料
燕窝、玉竹条、南北杏、原色沙参、无花果干、百合、冰糖、水

制作

❶ 泡发燕窝，备用。

❷ 玉竹条，百合用水浸泡30分钟。

❸ 南北杏、原色沙参和百合洗净，无花果干洗净。

❹ 南北杏、沙参、玉竹和无花果以慢火煮至约剩一半分量，汤料，汤汁注入炖盅。

❺ 加入燕窝、百合，隔水炖30分钟。

> **小贴士**
>
> 体寒者可加生姜数片，或加一大块陈皮以去其寒性。

清明

清明，三月三，上巳节。清明前后多东风，天气也随之渐热，正是『桃红柳绿』『草长莺飞』的季节。青团，清明节寒食之一。有诗云：『清明寒食日，雨洗黛山幽。艾草千丝染，香粳百载揉。胡麻馨塑馅，翡翠色型球。祭祖兼应令，青团习俗流。』

《八义记·宣子劝农》

明·徐元

"节届寒食清明。

清明，西郊外步踏红青。"

清明：初候，桐始华。二候，田鼠化为鴽，牡丹华；鴽音如，鹌鹑属，鼠阴类。阳气盛则鼠化为鴽，阴气盛则鴽复化为鼠。三候，虹始见。虹，音洪，阴阳交会之气，纯阴纯阳则无，若云薄漏日，日穿雨影，则虹见。

燕窝沙拉

用料 燕窝、鲜虾、生菜、青豆、胡萝卜、玉米粒、夏威夷果仁、沙拉酱、奶酪、盐

制作

❶ 泡发及炖煮燕窝待凉，沥干备用。

❷ 胡萝卜洗净切小丁。

❸ 鲜虾去壳开背去虾线，煮熟备用。

❹ 胡萝卜丁，青豆开水下锅焯水 3 分钟捞出晾凉备用。

❺ 夏威夷果仁压碎。

❻ 生菜切成饼干大小的圆形。

❼ 胡萝卜丁、青豆、玉米粒加沙拉酱拌匀。

❽ 在生菜上放青豆玉米胡萝卜沙拉，撒上夏威夷果仁碎。

❾ 沙拉上方放大虾，然后放上燕窝。

小贴士

胡萝卜丁、青豆、玉米粒、生菜沥干水分。

三宝清炖燕窝

花旗参：性寒，味苦微甘，补肺阴、清火、生津液。

枸杞：性平，味甘，有解热止咳之效用。

红枣：维生素含量非常高，有"天然维生素丸"的美誉，具有滋阴补阳的功效。

用料
︾
燕窝、花旗参片、枸杞、红枣、冰糖、水

制作

❶ 泡发及炖煮燕窝，沥干备用。

❷ 花旗参片、红枣、枸杞，洗净。

❸ 花旗参片、红枣和冰糖放入炖盅内，加水，以慢火炖 30 分钟。

❹ 放入燕窝隔水炖 30 分钟。

❺ 放入枸杞炖煮 5 分钟即成。

小贴士

红枣需洗净去核，提前用水（纯净水 / 凉白开）泡上备用。

燕窝青团子

食青团的习俗，自古有之。据《琐碎录》记载：蜀人遇寒食日，采阳桐叶，细冬青染饭，色青而有光。小小的青团子，带着春天的绿透，香甜软糯，缠绕舌尖久散不去，轻咬一口那胖乎乎的身体，仿佛一口咬住江南的春色，包裹着透亮燕窝的它，是如此纯粹的时令鲜食，蕴含了古老的习俗与养生滋补的使命，用舌尖唤醒这个春天。

艾草：全草入药，有温经、去湿、散寒、止血、消炎、平喘、止咳、安胎、抗过敏等作用。

用料
⌄

燕窝、新鲜艾草、糯米粉、粘米粉（大米粉）、砂糖、红豆馅料

制作

① 将新鲜艾草清理干净洗净，去除硬梗和黄叶，选用清明前的田艾，这个时候是最嫩的，颜色也非常翠绿。

② 烧开一锅水，艾草焯水 1 分钟。

③ 沥干水分后，将煮过的艾草放入料理机内，加适量的水打成泥。

④ 将糯米粉、粘米粉、砂糖混合在一个容器中。

⑤ 倒入加热过的艾草泥汁，用筷子搅拌成团，混合揉匀；把艾草米团分成大小差不多大的小团子，做成艾草皮后备用。

⑥ 大家可以自制红豆馅料，也可以去超市买成品红豆沙，这里就不赘述了。

⑦ 将冰鲜燕窝包入红豆蜜馅儿中，完全裹住，攒成一个个小圆球。

⑧ 取一个艾草皮，包入馅料。

⑨ 用手将皮沿着馅料往中间推，直至完全收口，搓成圆球。

⑩ 青团生胚表面刷一层薄薄的橄榄油，垫上油纸放入蒸锅，上气以后转中小火蒸 20 分钟，稍等晾凉吃，口感最佳哟！

小贴士

　　燕窝青团子，老人和小孩一次不要吃太多哦！

谷雨

《月令七十二候集解》：「三月中，自雨水后，土膏脉动，今又雨其谷于水也。雨读作去声，如雨我公田之雨。盖谷以此时播种，自上而下也。」

谷雨是春季最后一个节气，意味着寒潮天气基本结束，是播种移苗、埯瓜点豆的最佳时节。

《晚春田园杂兴》

宋·范成大

"谷雨如丝复似尘，
煮瓶浮蜡正尝新。
牡丹破萼樱桃熟，
未许飞花减却春。"

谷雨：初候，萍始生。二候，鸣鸠拂其羽，飞而两翼相排，农急时也。三候，戴胜降于桑，织网之鸟，一名戴鵀，阵于桑以示蚕妇也，故曰女功兴而戴鵀鸣。

百豆燕窝汤

黑豆：黑豆蛋白质含量 36%，脂肪含量 16%，主要含不饱和脂肪酸，人体吸收率高达 95%。黑豆含有丰富的维生素、蛋黄素及黑色素等物质，具有营养保健作用，黑豆中还含有丰富的微量元素，对保持机体功能完整、延缓机体衰老、降低血液黏度、满足大脑对微量物质需求都是必不可少的。

绿豆：绿豆的药理作用为降血脂、降胆固醇、抗过敏、抗菌、抗肿瘤、增强食欲、保肝护肾。

用料
≫
燕窝、黑豆、绿豆、大枣、百合

制作

❶ 泡发燕窝后待用。

❷ 将黑豆、绿豆这些难煮的豆类提前浸泡 3 小时。

❸ 大枣与所有材料放一起煮 2 小时。

❹ 炖好的百豆汤分放到炖盅中，加入燕窝、百合一起隔水炖 30 分钟即可。

小贴士

绿豆比黑豆更易煮烂，可以先下锅煮黑豆。

薏米燕窝姜茶

薏米：营养丰富，含有蛋白质、脂肪、多种维生素 B_1、维生素 B_2、维生素 C 及微量元素钙、磷、铁等。作食药两用，具有健脾益胃、补肺清热、祛除体内湿气、降血脂功放，可预防心血管、癌症等疾病。

用料
╲╱
燕窝、薏米、麦子、小米、蜜枣、生姜、水

制作
❶ 泡发炖煮好燕窝，备用。
❷ 薏米、麦子提前泡 2 小时。
❸ 所有材料一起入锅，煮 50 分钟。
❹ 炖好的汤料加入燕窝即可。

─ 小贴士 ─

　　姜不好吃，可以切薄片出味就行。

鲫鱼：为中国重要食用鱼类之一。肉质细嫩、肉味甜美、营养价值很高。中医认为，其性味甘、温，能利水消肿、益气健脾、解毒、下乳；具有和中补虚、除湿利水、温胃进食、补中生气之功效。

用料
∨
燕窝、鲫鱼、姜、盐、开水

制作
1. 泡发炖煮好燕窝，备用。
2. 现杀新鲜鲫鱼一条，清理干净，鱼肚子里的黑膜需要特别处理干净，鱼身吸干水分备用。
3. 锅内放橄榄油，烧热后下鱼入锅煎。
4. 鱼两面煎黄，倒开水入锅，放两片姜，大火煮沸。
5. 大火煮沸10分钟，盖上锅盖用小火再炖15分钟。加盐调味。
6. 过滤出汤汁，加入燕窝，即可。

小贴士

鱼一定要煎透，才可以熬出奶白色的鲫鱼汤。

立夏

一到立夏日，人们的精神为之一振。都说夏三月，万物『蕃秀』，若所爱在外，使志无怒，真是这样。

观蚕事，试茶艺，别有情致。品晚笋，坐梧桐，清凉自在。

山里人的夏天，意境优美，明白如话。

《立夏》

宋·陆游

赤帜插城扉，东君整驾归。

泥新巢燕闹，花尽蜜蜂稀。

槐柳阴初密，帘栊暑尚微。

日斜汤沐罢，熟练试单衣。

立夏：初候，蝼蝈鸣；蝼蛄也，诸言蚓者非。二候，蚯蚓出；蚯蚓阴物，感阳气而出。三候，王瓜生；王瓜色赤，阳之盛也。

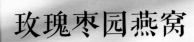

玫瑰枣园燕窝

玫瑰花：含有多种微量元素，维生素 C 含量高，性温，有活血和驱寒的功效；可理气解郁、活血散瘀和调经止痛。平阴重瓣红玫瑰花冠的采摘时间一般为凌晨日出之前，此时玫瑰花心微露、含苞待放、色泽鲜艳、香气馥郁、营养价值最高。

用料 平阴玫瑰花、乐陵红枣、桂圆肉、燕窝

制作
❶ 泡发炖煮好燕窝，备用。
❷ 将红枣、桂圆肉洗净备用。
❸ 先将红枣和桂圆肉放入锅内加纯净水煮 60 分钟。
❹ 红枣和桂圆煮至 50 分钟时，加入平阴玫瑰花继续小火煮 10 分钟。
❺ 把汤汁盛进容器后，倒入鲜炖燕窝。

---小贴士---

　　玫瑰是女人的天赐礼物，每天坚持几朵玫瑰花，可以调节内分泌、滋养子宫、缓解痛经、改善睡眠、淡化斑点、保湿美白。

特基拉的彩虹燕窝

特基拉的彩虹燕窝像彩虹一般照亮心扉，又像少女清纯的阳光气息，给雨季洒满快乐。当年滚石乐队在 1972 年的美洲巡回演出中饮用一款鸡尾酒长得和其极像，寓意在生长着星星点点的仙人掌，又荒凉到极点的墨西哥平原上，鲜红的太阳正在升起，阳光把墨西哥平原照耀得一片灿烂。

分离的颜色，调和出具有晕色效果的彩虹，一口下肚，清凉、爽口，像墨西哥的火烧云，也像墨西哥的姑娘。

用料

燕窝、蝶豆花、红柚、蔓越莓果酱、芒果、青柠檬、蜂蜜、苏打水、冰块

制作

① 泡发炖煮好燕窝，备用。

② 五六朵蝶豆花泡少量热水后晾凉，备用。

③ 容器内加入蔓越莓果酱。

④ 把红柚用刀切下果肉倒入杯中，放入冰块。

⑤ 加入少许自制的芒果果酱。

⑥ 倒入 3/4 杯苏打水。

⑦ 把少量浓浓的蝶豆花水慢慢倒入饮品中，蝶豆花水变色的过程十分神奇。

⑧ 再加上鲜炖燕窝，不仅颜值高，口感还极其丰富，犹如墨西哥的彩虹，绚丽而热情。

小贴士

西柚怎么选？需挑选"不倒翁"形状的，上尖下宽造型的柚子。

红豆薏米燕窝羹

红豆：富含铁元素、维生素 B、蛋白质、钙等，具有利尿、补血去水肿等功效。

薏米：营养丰富，含有蛋白质、脂肪、维生素 B_1、维生素 B_2、维生素 C 及微量元素钙、磷、铁等。作食药两用，健脾益胃、补肺清热、降血脂，可预防心血管、癌症等疾病。

用料
>>
红豆、薏米、冰糖、燕窝

制作

① 泡发炖煮好燕窝，备用。

② 薏米下锅炒熟。

③ 红豆挑拣并淘洗干净，和炒熟的薏米一起加适量水浸泡，有条件的可以提前泡一夜，那样比较容易煮烂哟。

④ 炒好的薏米和泡好的红豆放入锅中，大火煮开；转小火慢炖 1 小时。

⑤ 连汤带料分装入炖盅，30 分钟后放入燕窝隔水炖煮。

⑥ 加入冰糖调味。

小贴士

薏米性寒，直接煮会影响脾胃健康，甚至会造成腹泻。想要祛湿同时又不伤脾胃，薏米一定是要炒过的熟薏米，炒过的薏米，带有微微的焦香气，少了一分寒利，多了一分温涩，对脾胃没有损伤，反而有保护作用。

小满

小满时，夏熟作物的籽粒开始灌浆饱满，但还未成熟，只是小满，还未大满，故称小满。

小满时节，夜莺在茂盛的绿柳枝头自由自在地啼鸣，明月照亮了万里长空。这个时节田垄前的麦子和红色的花瓣在初夏的风中轻轻摇曳。好一番丰收的希望。

《小满》

宋·欧阳修

夜莺啼绿柳，皓月醒长空。

最爱垄头麦，迎风笑落红。

小满：初候，苦菜秀；火炎上而味苦，故苦菜秀。二候，靡草死；葶苈之属。三候，麦秋至。秋者，百谷成熟之期。此时麦熟，故曰麦秋。

鸡肝杂蔬燕窝羹

　　宝宝6个月之后，已经把从妈妈身体中带来的铁基本消耗完了，这时我们需要为宝宝添加一些含铁的辅食和米粉。

　　每个宝宝都是爸爸妈妈上天赐予的缘分，做好健康的辅食，吃出一个好身体。

鸡肝：含有丰富的蛋白质、维生素 A、维生素 B 和铁、钙、锌等矿物质。其中铁含量丰富，可以帮助宝宝预防缺铁性贫血；另外，动物肝脏中的维生素 A 含量也很高，对宝宝视力发育有益。

用料
》
鸡肝、油菜、胡萝卜、香菇、鸡蛋、米粉、鲜炖燕窝

制作

❶ 在鸡肝上划几刀。用大火焯水 2 分钟左右，焯去血丝和浮沫（可以放点生姜去腥）。

❷ 捞出鸡肝，放入温水中清洗一下。

❸ 小白菜、胡萝卜、香菇切碎，放置一旁待用。

❹ 将鸡肝切碎备用。

❺ 米粉用水煮开，备用。

❻ 热锅后放橄榄油，放入鸡肝、胡萝卜和香菇，小火翻炒几下，炒出香味即可。

❼ 把鸡肝炒杂蔬加入米糊中，加热搅拌均匀。

❽ 打散一个鸡蛋，往锅内倒入蛋液，快速搅拌至蛋液成型，即可出锅。

❾ 往粥内加入 1g 鲜炖燕窝，一碗营养爆棚的鸡肝杂蔬燕窝羹就做好咯！

小贴士

肝脏是动物的解毒器官，刚买来的鸡肝不要急于烹调，把肝洗净后用水浸泡 30 分钟，再把肝切成小块或划开，大火焯水，去除血丝和浮沫后，才可以用来烹调哦。

燕窝雪媚娘

水蜜桃：浆汁丰富，果肉柔软，甘甜香郁，宜于生食。花朵、果实、桃仁等都能够入药，在止咳平喘、治疗缺铁性贫血、利尿和抗血凝等方面有疗效。

用料
》

燕窝、水蜜桃、柠檬汁、牛奶、黄油、细砂糖、水磨糯米粉、玉米淀粉、木薯粉

制作

① 桃子用盐搓干净，去桃皮，桃皮不要丢掉。

② 桃肉切丁，柠檬汁适量，糖70g，搅拌均匀，冰箱冷藏腌制1小时。

③ 腌制好的桃肉和桃子皮倒入锅里，加水煮一煮。

④ 挑出桃子皮，继续煮到浓稠，盛出。

⑤ 完全晾凉后，放冰箱冷藏保存。

⑥ 锅中放入黄油和细砂糖融化，倒出来晾凉。

⑦ 水磨糯米粉、玉米淀粉、木薯粉，搅拌均匀，过滤一下，盖上保鲜膜，上汽蒸锅蒸35分钟，加一点儿粉色色素，稍微揉一下，不需要揉得太均匀，白里透红才更像桃子的皮；盖好保鲜膜，常温放置。

⑧ 分成40g一个的小面团，擀成圆形，放在一个圆形模具上或者小碗上，挤一圈打发好的奶油，填上蜜桃果酱和燕窝，再挤一圈奶油，像包包子一样捏好，抹点熟粉防止粘，做好以后需要冷冻半个小时，定型以后，用刀背凹一个造型。

小贴士

水磨糯米粉、玉米淀粉、木薯粉要彻底放凉再操作才不会粘哦！

川贝枇杷燕窝羹

枇杷：成熟的枇杷味道甜美，营养颇丰，有各种果糖、葡萄糖、钾、磷、铁、钙以及维生素A、维生素B、维生素C等。胡萝卜素含量在各水果中为第三位。中医认为枇杷果实有润肺、止咳、止渴的功效。

川贝母：入肺、心经，有化痰止咳，清热散结的作用，还能养肺阴、宣肺、润肺而清肺热。

用料
≫
燕窝、枇杷、川贝、银耳、冰糖

制作
❶ 燕窝泡发炖煮沥干备用。
❷ 将枇杷洗净，剥皮去核，切成小块备用，银耳提前泡发5小时。
❸ 将泡发好的银耳加水炖煮1小时。
❹ 放入枇杷、川贝母、冰糖，一起炖煮2小时。
❺ 出锅后放入炖好的燕窝即可。

小贴士

给大家一个剥枇杷的小方法：用勺子沿着枇杷的身体刮一圈，这样会很容易将果肉和果皮分离（枇杷剥皮后氧化速度很快）。

枇杷放入盐水可以避免氧化变黑。

川贝一次不能放很多，炖后可以不食用。

芒种

「芒种」的到来预示着农民开始了忙碌的田间生活。「芒种」二字谐音，表明一切作物都在「忙种」了，所以，「芒种」也称为「忙种」「忙着种」。

《咏廿四气诗·芒种五月节》

唐·元稹

芒种看今日，螳螂应节生。

彤云高下影，鹨鸟往来声。

渌沼莲花放，炎风暑雨情。

相逢问蚕麦，幸得称人情。

芒种：初候，螳螂生；俗名刀螂，说文名拒斧。二候，鵙始鸣；鵙，屠畜切，伯劳也。三候，反舌无声。百舌，鸟也。

杨梅气泡饮

"玉盘杨梅为君设，吴盐如花皎白雪。"吟诵着李白赞杨梅的诗句，好吃的台州东魁杨梅凭其乒乓球般的个头和多汁甘甜的口感，被誉为"东方之魁"，在吃货界闻名遐迩，夏日做成冷饮真的是极其爽口开胃。

杨梅：富含纤维素、矿物质、维生素和一定量的蛋白质、脂肪、果胶及 8 种对人体有益的氨基酸，其果实中钙、磷、铁含量要高出其他水果 10 多倍。

用料
⌄⌄
燕窝、东魁杨梅、冰糖、冰块、水

制作
❶ 燕窝泡发炖煮沥干备用。
❷ 把东魁杨梅用盐水浸泡 5 小时后，放入锅中加入水和冰糖，煮至开锅放凉备用。
❸ 开水煮过的杨梅可治胃肠胀满，预防中暑哟。
❹ 将煮好的杨梅连汁倒入放了冰块的杯中，看着冰块在水中起起伏伏，觉得已经凉爽了好几度。
❺ 最后放炖好的燕窝，一款冰爽的杨梅饮就这么做好啦！

小贴士

建议杨梅季多囤点杨梅，密封好放在冰箱冷冻！

燕窝粽子

　　端午节是我们中华民族的传统佳节，最重要的习俗就是吃粽子，粽子不仅好吃，还包藏着人生三大智慧。

　　粽子的外面是粽叶，里面是粽馅，这一"包"一"容"，呈现给我们的就是"包容"。

　　粽叶是自然清新的，一颗包容之心则是真诚的。只有真诚，才能将心比心，愿意站在对方的角度着想；粽馅的形状有点像一颗心，这颗心是万千颗熟透的糯米粒组成的，就像只有一个成熟而宽厚的人，才懂得包容。

　　《淮南子》中说：大足以容众，德足以怀远。端午的粽子，的确有着这样的气质。

　　燕窝滋润，蜜枣香甜、糯米软糯，一切都是最好的搭配。

　　一颗燕窝粽子温暖你的胃，也走进了你的心……

用料 　　燕窝、蜜枣、糯米、粽叶

制作　❶ 将燕窝挑洗干净待用。

　　❷ 将蜜枣装入碗中，蒸软取出，趁热去核。

　　❸ 将粽叶洗净，将糯米淘洗干净，沥水，备用。

　　❹ 取三张粽叶，毛面相对，先放入 1/3 糯米，加入泡发好的燕窝和蜜枣，再放入 2 /3 糯米包成三角形的粽子，用绳子扎紧。

　　❺ 高压锅中将包好的粽子放入锅内，加入清水煮约 30 分钟，即可食用，甜甜糯糯，香甜的燕窝蜜枣粽就出锅儿啦！

小贴士

　　燕窝粽子，配上水果，一起吃，是一道营养健康的下午茶哟！

燕窝清润糕

龙眼：龙眼肉干又称桂圆干，具有补益心脾、益气养血、宁心安神等作用；凡失眠健忘、心悸心慌、妇女产后及气血不足者皆可选用。

枸杞：性平，味甘，有解热止咳之效用。

用料
>>
燕角、龙眼肉干、枸杞、蔗汁、鱼胶粉

制作

❶ 浸发及隔水炖煮燕窝，备用。

❷ 龙眼肉干和枸杞洗净。蔗汁煮滚，加入龙眼肉干，盖上盖煮15分钟，捞出龙眼肉干。

❸ 蔗汁溶液加入燕窝，慢慢拌入鱼胶粉，加入枸杞，以中火煮滚，关火，待凉。

❹ 模具注入蔗汁溶液，放入冰箱（0～8℃）冷藏4小时，即成。

小贴士

脾虚、腹泻时慎食。

建议使用燕盏角，令燕窝及清润糕的口感更分明。

鱼胶粉加入热水后很快会凝结成圈，建议一边慢慢地加入鱼胶粉，一边用勺子搅拌。

夏至

夏至已至。夏至日是一年中正午太阳高度最高的一天，夏季阳气盛于外。

从夏至开始，阳极阴生，阴气居于内，所以，在夏至后，饮食要以清泄暑热、增进食欲为目的，因此要多吃苦味食物，宜清补。

粽香筒竹嫩，常谱夏至筵。粽香筒竹嫩，炙脆子鹅鲜。白居易对夏至美食的描写跃然纸上。一句『粽香筒竹嫩，炙脆子鹅鲜』，足以让人食指大动。将夏至与养生谈论在一起，留下一些真正属于炎炎夏日的慵懒风情。

《夏至避暑北池》

唐·韦应物

昼晷已云极，宵漏自此长。未及施政教，所忧变炎凉。

公门日多暇，是月农稍忙。高居念田里，苦热安可当。

亭午息群物，独游爱方塘。门闭阴寂寂，城高树苍苍。

绿筠尚含粉，圆荷始散芳。于焉洒烦抱，可以对华觞。

夏至：初候，鹿角解；阳兽也，得阴气而解。二候，蜩始鸣，蜩，音蜩，蝉也。三候，半夏生。药名也，阳极阴生。

松茸燕窝汤

松茸：是一种名贵的野生食用菌，此菌在日本被视为菇中之珍品，有很高的营养价值和特殊的药用效果。具有强身、易畅健胃、止痛、理气化痰、驱虫等作用。

用料

燕窝、松茸、净膛老母鸡、姜、香葱、枸杞、盐

制作

❶ 将净膛老母鸡去掉鸡尖、鸡脖子、鸡脚、表面鸡油，用温水清洗干净，尤其是鸡膛里边一定要多清洗干净。

❷ 锅中加入清水，放入鸡，大火烧开，捞出用温水洗净鸡的表面再放入砂锅中；放姜，倒入开水大火烧开后调最小火浸煮 2.5 小时。然后揭开锅盖加入香葱、枸杞继续改中火煮 5 分钟关火。

❸ 松茸洗净切片，与燕窝一起放入炖盅，加入清鸡汤，隔水炖煮 30 分钟即可，可依口味加入盐调味。

> **小贴士**
>
> 　　老母鸡选择 1 kg 以下的，2 年为宜，鸡身一定清洗干净，尤其是鸡膛内部。
>
> 　　煲鸡汤时，一定用最小火来炖煮，以免火大汤量挥发过快，造成鸡汤变少。

杨枝甘露燕窝

芒果：有热带果王之称。味香甜，汁多可口，营养价值高，含有多种维生素，尤以维生素钾最丰富。维生素钾是肝脏合成凝血因子所必需的物质，主要参与机体的凝血机制。

用料
》

燕窝、椰浆、牛奶、冰糖、西米、水、芒果、芒果粒、西柚

制作

❶ 椰浆＋牛奶＋冰糖，放入锅中小火熬，冰糖煮化即可出锅晾凉备用。

❷ 西米＋水，大火煮到西米半透明状，关火，焖至全透明，过2次凉水，沥水备用。

❸ 芒果粒＋芒果，和椰浆一起打汁。

❹ 将煮好的西米打底，倒入芒果椰浆，加入炖好的燕窝，放入芒果丁和西柚装饰。

榴莲往返燕窝

榴莲，自带热点和流量的水果。所到之处必有粉丝夹道欢迎，当然也有黑粉嗤之以鼻。它具有很好的药用价值，可以活血散寒，缓解痛经，特别适合受痛经困扰的女性食用；榴莲还可用于精血亏虚、须发早白、衰老、风热、黄疸、疥癣、皮肤瘙痒等症。它还能改善腹部寒凉的症状，促使体温上升，是寒性体质者的理想补品。榴莲营养价值极高，经常食用可以强身健体，健脾补气，补肾壮阳，暖和身体。

用料
⌄⌄
猫山王榴莲、牛奶、淡奶油、鲜炖燕窝

制作
❶ 剥出 1 块猫山王榴莲果肉。
❷ 把榴莲小核取出来，用勺子把榴莲果肉捣成泥。
❸ 倒入少许牛奶。
❹ 再淋上少许淡奶油。
❺ 手工搅拌均匀，牛奶、淡奶油和榴莲果泥融合在一起。
❻ 倒入鲜炖燕窝。
❼ 盛入漂亮的容器内自由点缀即可。

小贴士

榴莲虽好，但它是热带水果，不适合吃太多，一旦吃多了，可以立即吃几个山竹清热解毒。

小暑

小暑之夏，适合静下心去思索，抛弃虚无的幻想与烦恼，追寻一种反思之后的超然与洒脱，想起唐伯虎的那句诗：

"桃花坞里桃花庵，桃花庵下桃花仙。桃花仙人种桃树，又摘桃花换酒钱。"

科举失意的明朝大才子，把自己比作桃花仙人，种着很多桃树，摘下桃花去换酒钱，酒醒时静坐花间，酒醉时在花下睡去……好一派洒脱和自由。

暑，表示炎热的意思，小暑为小热，还不十分热。意指天气开始炎热，但还没到最热，全国大部分地区基本符合。

《夏夜追凉》

宋·杨万里

夜热依然午热同，
开门小立月明中。
竹深树密虫鸣处，
时有微凉不是风。

小暑：初候，温风至。二候，蟋蟀居壁；亦名促织，此时羽翼未成，故居壁。三候，鹰始挚。挚，言至，鹰感阴气，乃生杀心，学习搏击之事。

天麻燕窝鱼头汤

天麻：健脑益智、缓解头痛、暖胃补虚、美容养颜。

用料
⌵

燕窝、天麻、川芎、白芷、大鱼头、豆腐、红枣（去核）、生姜

制作

❶ 鱼头对半开，然后撒盐，起锅，放姜，把鱼头两边煎香。

❷ 加适量温水煮 15 分钟，煮至奶白色。

❸ 把汤水转移到炖盅内，加入燕窝和其他食材，隔水清炖 1 小时就可以喝了。

❹ 喝的时候再加芫荽、盐提鲜，药香与鱼香层次感相当丰富。

┌─ 小贴士 ─

天麻燕窝汤，适合下列情况食用。

肝阳头痛：头胀痛或抽掣，两侧为重，兼头晕心烦者。

风湿头痛：头痛如裹，肢体困重，胸闷纳呆者。

风寒头痛：恶风寒，遇风头痛加剧者。

天麻、川芎性温，风热头痛，阴虚火旺者不宜食用。

燕归何处

"灼灼荷花瑞，亭亭出水中，

一茎孤引绿，双影共分红。"

荷花亦莲花，能活血化瘀、解暑、去热毒。

在夏天，雅俗共赏。

陶弘景云："莲花镇心益色，驻颜轻身。"

莲子又名藕实，古人认为经常服食，百病可却，因它"享清芳之气，得稼穑之味，乃脾之果也"。

莲子具有补脾止泻、止带、益肾涩精、养心安神之功效。常用于脾虚泄泻、带下、遗精、心悸失眠。

用料 ≫ 燕窝、新鲜荷叶、新鲜荷花、菱角、去心莲子、藕粉、鸡头米、荸荠、冰糖

制作

❶ 燕窝用纯净水泡发 4 小时后，再用纯净水冲洗 3～4 遍后，隔水炖 25 分钟后备用。

❷ 先泡荷花瓣，莲子 2 小时，用泡荷花瓣的水煮 25 分钟莲子、鸡头米，煮到开锅后，放入菱角，煮 18 分钟后放荸荠，荸荠煮 5～8 分钟就行。

❸ 荷叶要提前用开水焯一下。在煮莲子的同时把荷叶榨汁，藕粉用温水化开搅匀备用。

❹ 把所有的莲子都煮好盛出备用。

❺ 煮藕粉＋冰糖，开锅后用打蛋器不停搅拌至均匀成半透明状，加入荷叶水继续搅拌，呈绿色半透明状完成。

❻ 莲子鸡头米等配料打底，加入荷叶藕粉汁至 2/3 处。

❼ 荷花瓣飘在汤汁上放入燕窝即可。

小 贴 士

莲子心有点苦，需剔除。

椰汁燕窝

舌尖的初恋，夏日欢愉好陪伴。

提起椰子，脑海中第一浮现的场景，是每一年东南亚寻燕之旅，清凉的海风，自在酣畅地畅饮。

椰汁：清凉甘甜，含有丰富的微量元素和碳水化合物。具有滋补、清暑解渴的功效，主治暑热类渴，津液不足等症。

用料

椰子、亚塔子、黑枸杞、鲜炖燕窝

制作

❶ 燕窝纯净水泡发 4 小时用纯净水冲洗 3～4 遍后，隔水炖 25 分钟后备用。

❷ 取新鲜椰子找到"椰眼"，用筷子戳穿，将椰汁倒出，用刀沿椰壳顶尖柔软部分切开成椭圆状的椰碗，把椰子底部的椰肉挖出切碎放回椰碗中。

❸ 放入亚塔子果肉，并倒入椰汁。

❹ 放入适量鲜炖燕窝。

❺ 加黑枸杞进行点缀。

小贴士

制作时不加入一点水，就是原汁原味的椰子炖，出来的成品充满了椰子的香味！

大暑

「小暑大暑，上蒸下煮」，大暑是我国大部分地区一年中最热的时期，也是喜热作物生长速度最快的时期。

大暑是夏季最后一个节气，随之而来的是立秋，司马光曾有感而发：「老柳蜩蟠噪，荒庭熠耀流。人情正苦暑，物怎已惊秋。月下濯寒水，风前梳白头。如何夜半客，束带谒公侯。」

《晓出净慈寺送林子方》

宋·杨万里

毕竟西湖六月中，

风光不与四时同。

接天莲叶无穷碧，

映日荷花别样红。

大暑：初候，腐草为萤；离明之极，故幽类化为明类。二候，土润溽暑；溽，音辱，湿也。三候，大雨行时。

冬瓜虾圆燕窝汤

冬瓜：含有丰富的蛋白质、碳水化合物、维生素以及矿质元素等营养成分，其中含钾量显著高于含钠量，属典型的高钾低钠型蔬菜，对需进食低钠盐食物的肾脏病、高血压、浮肿病患者大有益处，其中元素硒还具有抗癌等多种功能。冬瓜是"令人好颜色，益气不饥，久服轻身耐老"的蔬菜。

用料

燕窝、冬瓜、虾肉、猪肉馅、鸡蛋、胡椒粉、盐、香油、淀粉、香葱、姜

制作

❶ 燕窝泡发沥干备用。

❷ 冬瓜去皮，挖籽，用挖球器挖出冬瓜球。

❸ 鲜虾去壳去虾线剁碎，香葱、姜切末、鸡蛋、淀粉，盐加入虾肉馅后搅匀。

❹ 手工捏成大小均匀的丸子。

❺ 炖盅内加燕窝、冬瓜球、虾肉丸子、水隔水炖30分钟。

❻ 关火，加入盐、胡椒粉、葱末等调味即可。

小贴士

虾肉可以借助料理机或者料理棒做成虾肉泥，没有料理机也可以用刀剁成虾肉泥。

西瓜燕窝蜜饮

西瓜：西瓜堪称"盛夏之王"，不含脂肪和胆固醇，含有大量葡萄糖、苹果酸、果糖、蛋白氨基酸、番茄素及丰富的维生素 C 等物质。

用料
≫

西瓜、冰块、薄荷叶、燕窝

制作

❶ 燕窝泡发炖煮沥干备用。

❷ 冰块加入薄荷叶用料理机打成碎冰。

❸ 将打碎的冰沙倒入一款漂亮的容器里，让绵绵软软的冰沙铺满 1/3 的杯子。

❹ 将西瓜切开，和一片柠檬叶，柠檬汁，一起放入榨汁机内，打成西瓜汁倒入杯中，再放上几个大冰块，加入炖好的燕窝。

❺ 加上一块小薄荷叶点缀，我们超级冰爽的燕窝西瓜薄荷饮就这么完成啦，看着凉爽吃起来更是……冰……爽呀！

小贴士

西瓜汁本身带甜，无需再加入糖或蜂蜜。

夏日森林燕窝

曾经听过一句话："夏天容易出汗，吃高热量的东西补充体能。"这可能成为很多女孩子到了夏天酷爱那些看起来甜腻腻的高热量甜品。一切难熬的事情都在美味中变得可爱起来。

这款燕窝甜品主要用到的是猕猴桃，质地柔软，口感酸甜的猕猴桃，作为甜品的基底，打造的口感层次丰富极了。

猕猴桃：富含维生素 C、矿物质以及胡萝卜素，对保持人体健康具有非常重要的作用。

用料
》
猕猴桃、奶油、薄荷糖浆、冰块、鲜炖燕窝

制作

❶ 冰块，放入搅拌机或料理机中做成冰沙。

❷ 将打碎的冰沙倒入一款漂亮的容器里，让绵绵软软的冰沙铺满 1/3 的杯子，再倒上一勺薄荷糖浆，如果家中没有薄荷糖浆，可以加一些薄荷叶。

❸ 将可爱的猕猴桃一分为二地切开，再用勺子贴着皮转一圈，整个猕猴桃就可以剥出来了。

❹ 将猕猴桃切成小丁放入杯中，铺在沙冰的上面。

❺ 先在杯子里填满一些沙冰，再放入鲜炖燕窝。

❻ 倒入一些打发的奶油，放上小饼干装饰，奶香味十足哟。

立秋

不知不觉，秋天已经来临，天气开始向秋天过渡，人体为了适应这种变化，生理代谢也发生变化，饮食过于生冷，会造成消化不良，易生各种消化道疾患，比较容易得『秋燥症』。所以饮食上有『秋宜温』的主张，也就是说秋天应当避免光吃些凉和性寒的食物，以及一些刺激性强、辛辣、燥热的食品。滋补以温为宜，润肺生津，养阴清燥的食物为佳。

《立秋》

宋·刘翰

乳鸦啼散玉屏空，

一枕新凉一扇风。

睡起秋声无觅处，

满阶梧叶月明中。

立秋：初候，凉风至。二候，白露降。三候，寒蝉鸣。蝉小而青赤色者。

海参燕窝羹

海参：高蛋白、低脂肪、低糖，富含各种人体必需的氨基酸、维生素、脂肪酸，常量和微量元素。

用料
⌄

燕窝、泡发好的海参、鸡蛋、葱花、酱油

制作

① 燕窝泡发隔水炖 20 分钟捞出备用。

② 泡发好的海参切片备用，也可以切成小丁。

③ 鸡蛋加适量纯净水搅匀备用。

④ 将准备好的燕窝海参放入鸡蛋中，上面撒上适量的葱花。

⑤ 一起放入锅中蒸 10 分钟左右，出锅后，放入一勺酱油就可以吃啦！

小贴士

海参不宜与甘草、醋同食。

霸王花燕窝鸭汤

霸王花：性味甘、凉，入肺，具有清热痰、除积热、止气痛、理痰火的功效。霸王花煲汤对辅助治疗脑动脉硬化、心血管疾病、肺结核、支气管炎、颈淋巴结核、腮腺炎等有明显疗效。同时还有滋补养颜的功能。

鸭肉：有滋补、养胃、补肾、除痨热、消水肿、止热痢、止咳化痰等作用。

用料

燕窝、净膛老麻鸭、去皮花生米、白眉豆、鲜姜丝、香葱结、大米、盐、白砂糖、花雕酒、新会陈皮、霸王花干

制作

❶ 燕窝泡发好备用。

❷ 把汤料清洗干净沥水备用。

❸ 把鸭子与汤料、药材放入炖盅内，大火开锅转中小火炖煮 90 分钟。

❹ 捞出汤汁，加入燕窝放入炖盅隔水炖 30 分钟即可。

> **小贴士**
>
> 麻鸭比较瘦，适合煲汤，其他的鸭子也可以，但必须要瘦一点的，重量控制在 1 kg 以下，表皮白净为宜。
>
> 家禽类煲汤，添加点炒好的大米，有去腥、使汤品口味醇厚的作用。

春水燕窝果子

用料 燕窝、荔枝、白凉粉、椰汁、蝶豆花

制作
❶ 将燕窝泡发后隔水炖 30 分钟沥干备用。

❷ 椰子汁加热后放蝶豆花调好颜色，如果喜欢颜色深一点可以放多一点，想要浅一点可以少放两朵蝶豆花。

❸ 倒入白凉粉搅拌均匀，继续煮沸后关火。

❹ 准备几个小杯子，将保鲜膜套入杯中，每个杯中放入一颗荔枝，加入燕窝，然后倒入凉粉水，收口用夹子夹住，放入冰箱冷藏凝固。

小贴士

做好后可以放冰箱冷藏过夜。

处暑

处暑节气一到，即为「出暑」，代表着炎热天气的离开，也意味着即将进入气象意义上的秋天。

处暑之后，会有一段秋高气爽的好时节，但也要小心「脾气暴躁的秋老虎」，那云卷云舒惬意的后面有时会有极度高温，冷热交替的阴晴不定，常常会让身体失衡，尤其是雷雨天增多，建议大家这个时候要好好注意呵护身体健康。

《早秋曲江感怀》

唐·白居易

离离暑云散，袅袅凉风起。

池上秋又来，荷花半成子。

朱颜易销歇，白日无穷已。

人寿不如山，年光急于水。

青芜与红蓼，岁岁秋相似。

去岁此悲秋，今秋复来此。

处暑：初候，鹰乃祭鸟；鹰，杀鸟。不敢先尝，示报本也。二候，天地始肃；清肃也，寨也。三候，禾乃登。稷为五谷之长，首熟此时。

五彩龟苓燕窝

龟苓膏：滋阴润燥，降火除烦，清利湿热，凉血解毒。龟苓膏是历史悠久的传统药膳，滋阴清热功效，在广东一带特别流行，尤其适合虚火烦躁的初秋。加班熬夜或夜生活到很晚才睡的人群，这些人体内容易出现阴虚火旺，也适合食用龟苓膏。

用料
⌄

龟苓膏、葡萄、芒果、红心火龙果、龙眼、桂花蜂蜜、鲜炖燕窝

制作

❶ 把龟苓膏倒在选好的容器内。

❷ 将龙眼剥皮去核后，放入碗中，淋上一些桂花蜂蜜，让龟苓膏的口感更甜蜜。

❸ 将葡萄、芒果果肉、红心火龙果果肉依次放在龟苓膏上，倒入炖好的燕窝，一款清热排毒的五彩龟苓膏燕窝甜品就这么做好啦！

---小贴士---

　　龟苓膏不宜多吃哟！龟苓膏有清热排毒的作用，但偏于寒凉，胃寒和脾胃虚弱的人还是少吃为好。另外，因为龟板还有兴奋子宫和促进血液循环的作用，孕妇和月经期的人群也不宜多吃哟。

美龄粥燕窝

黄豆：一种理想的优质植物蛋白食物，含有对人体健康非常有益的多种活性物质；多吃有利于人体生长发育和健康。对心血管病、肿瘤等慢性疾病有预防作用。

百合：一种药食兼用的保健食品和常用中药，鲜花含芳香，油鳞茎含丰富淀粉，有润肺止咳、清热、安神和利尿等功效。

山药：入肺、健脾、补肾的佳品。山药黏糊糊的汁液主要是黏蛋白，能保持血管弹性，还有润肺止咳的功能。

用料
⩗

鲜炖燕窝、黄豆、百合、糯米、糯米粉、山药泥、玫瑰、冰糖、水

制作

❶ 糯米砸碎后泡水 12 小时备用。

❷ 黄豆加水 500 g 后用豆浆机打成豆浆，去除豆渣，留用。

❸ 糯米粉加入 50 g 水搅拌均匀，留下 100 g 水视粥的厚度情况添加。

❹ 糯米碎 + 水熬煮至软糯捞出，加入豆浆和糯米粉、山药泥，搅拌均匀。再继续煮开约 3 分钟即可。

❺ 放入鲜炖燕窝。

❻ 放一点玫瑰花，花香在粥的热量下香气四溢，闻之心醉！

小贴士

蒸熟的山药趁热捣成泥，并过粗筛，使山药泥更细腻。

蟹炖燕窝

蟹：含有丰富的蛋白质、微量元素等营养成分，对身体有很好的滋补作用。蟹还有抗结核作用，吃蟹对结核病的康复大有益处。

用料
⟫
燕窝、帝王蟹、生抽、小葱

制作

❶ 燕窝泡发炖煮沥干后备用。

❷ 剥螃蟹的时候蟹肉和蟹黄分开，倒入葱油先炒蟹黄再放蟹肉，加一勺生抽，撒上葱花继续翻炒两分钟就好了。

❸ 拌入燕窝即可。

小贴士

要母蟹哦，不要买公蟹，公蟹那就没有蟹黄了！

白露

天气渐转凉，会在清晨时分发现地面和叶子上有许多露珠，这是因夜晚水汽凝结在上面，故名白露。

白露，此时农作物即将成熟，『秋老虎』也将逝去。白露时节，夜半微凉，愿你在白露的清寒中，依然能感受秋之清美，愿君安好，莫忘添衣。

《秋露》

唐·雍陶

白露暧秋色，月明清漏中。

痕沾珠箔重，点落玉盘空。

竹动时惊鸟，莎寒暗滴虫。

满园生永夜，渐欲与霜同。

白露：初候，鸿雁来；自北而南也。 一曰：大曰鸿，小曰雁。二候，玄鸟归；燕去也。三候，群鸟养羞。羞，粮食也。养羞以备冬月。

木瓜栗子燕窝

木瓜：素有"百益果王"之称，也有人叫它"万寿果"。木瓜的维生素 C 含量是苹果的 48 倍哟！它具有平肝和胃，舒筋活络，软化血管，抗菌消炎，抗衰养颜，抗癌防癌，增强体质之保健功效。木瓜含有丰富的木瓜酵素，据说它可以丰胸，还可以改善皮肤状况，具有很好的美肤作用。

用料
≫
木瓜、栗子、牛奶、炼乳、燕窝、水

制作

❶ 燕窝泡发隔水炖好后沥干备用。

❷ 生栗子去除内外皮切成四瓣，木瓜去皮去籽切块。

❸ 栗子加水煮约 20 分钟至栗子软烂，加入木瓜一起再煮 5～8 分钟（水不要放太多，以煮完木瓜后水所剩无几为最好）。

❹ 倒入适量牛奶加热。

❺ 在牛奶温热的时候加入木瓜栗子，煮至牛奶开锅。

❻ 加入少许炼奶提甜味。

❼ 用漂亮的容器盛出木瓜栗子牛奶。

❽ 最后加入已炖好的燕窝即可。

小贴士

牛奶的乳香融合木瓜的甜香，搭配在一起是经典的老搭档，再加上燕窝，不仅颜值高还营养丰富。

牛油果燕窝奶昔

牛油果是一种营养价值很高的水果，在世界百科全书中，被列为营养最丰富的水果，有"一个牛油果相当于三个鸡蛋""贫者之奶油"的美誉。在我国台湾地区，牛油果被人亲切地称为"幸福果"，口感绵密细致，有着淡淡的香味，还可以止咳、化痰、清燥。牛油果含多种维生素、丰富的脂肪酸、蛋白质以及高含量的钠、钾、镁、钙等元素。丰富的脂肪酸中不饱和脂肪酸含量高达80%，为高能低糖水果。

用料
⌄⌄
牛油果、酸奶、燕窝

制作

❶ 燕窝泡发隔水炖好后沥干备用。

❷ 牛油果用刀沿一侧切开，小心掰成两半。

❸ 用小勺子沿着果皮内侧挖果肉。

❹ 倒入酸奶，用勺子将牛油果肉小心捣碎。

❺ 将混合的牛油果酸奶舀入果皮中。

❻ 可以加上蜂蜜。

❼ 最后将鲜炖燕窝倒入。一份抗氧化抗衰老、丰胸美容、保护肝脏和子宫，健康又适合做宝宝辅食的鲜炖燕窝甜品，就这么做好啦！

小贴士

牛油果捣碎的时候稍稍打久一点，口感会更绵滑哦！

花菇鸡蓉燕窝羹

原木白花菇：所含的维生素 D 可预防佝偻病，花菇中所含的腺嘌呤可降低胆固醇，可治疗贫血、高血压，防止肝硬化；花菇中的多糖，有很好的防癌作用。

鸡胸肉：蛋白质含量较高，且易被人体吸收利用，有增强体力、强壮身体的作用；所含对人体生长发育有重要作用的磷脂类，适合减脂期食用。

用料
≫

燕窝、原木白花菇、金华火腿精肉、鸡胸肉、清鸡汤、腌料、生粉、生抽、水

制作

❶ 泡发和炖煮燕窝后，备用。

❷ 原木白花菇泡 1 天，洗净去蒂，切丝。

❸ 金华火腿精肉洗净，放进开水中，以大火涮 1~2 分钟，取出切丝。

❹ 鸡胸肉洗净，沥干水分，剁成蓉，拌进腌料，腌 30 分钟左右。

❺ 大火烧热锅，加入 1/2 汤匙油，爆香花菇丝和火腿丝，注入清鸡汤后熟水煮滚，漂走汤面泡沫。

❻ 转小火，拌入鸡蓉，转大火煮滚，转小火，以打圈方式拌入生粉水勾芡，转大火煮滚后关火，加入燕窝拌匀，即成。

小贴士

　　金华火腿精肉焯水有助去油去腥味，焯水后可能出现白色晶体的盐霜，但对食用无影响。出水后尽快切开，否则放得太久，风干后会变硬。切金华火腿精肉时需要顺纹切，否则精肉会容易散开。

　　腌鸡蓉时，加入水可避免鸡肉口感粗糙，拌匀湿水分被慢慢吸收。清鸡汤必须先煮滚才可加入鸡蓉。

秋分

『秋分者，阴阳相半也，故昼夜均而寒暑平』

——《春秋繁露·阴阳出入上下篇》

秋分之后，昼短夜长，昼夜温差逐渐加大，不管北方还是南方，秋意都变得浓重，可谓『一场秋雨一场寒』。

而随着天气的愈发寒冷，秋燥症、秋抑症、肠胃病、过敏或感冒等秋季疾病都接踵而来。尤其是肠胃病，最易复发。

中医认为，秋分养生宜养脾胃。饮食应以温、软、淡、素、鲜为宜，定时定量，少食多餐，不吃过凉、过烫、过硬、过辣、过黏食物，避免暴饮暴食，戒烟限酒。

中医养生还提倡在秋季期间每天早晨吃粥，如明代李挺认为『盖晨起食粥，推陈致新，利膈养胃，生津液，令人一日清爽，所补不小』。

《秋词》

唐·刘禹锡

自古逢秋悲寂寥，我言秋日胜春朝。

晴空一鹤排云上，便引诗情到碧霄。

秋分：初候，雷始收声；雷于二月阳中发生，八月阴中收声。二候，蛰虫坯户；坯，昔培。坯户，培益其穴中之户窍而将蛰也。三候，水始涸。《国语》曰：辰角见而雨毕，天根见而水涸，雨毕而除道，水涸而成梁。辰角者，角宿也。天根者，氐房之间也。见者，旦见于东方也。辰角见九月本，天根见九月末，本末相去二十一余。

核桃花生燕窝羹

白露一过就是秋分，此时是收核桃的最好时候，这时的核桃青皮逐渐裂开，也是最好剥皮的时候，那又脆又香的核桃仁，饱满丰腴，剥去那一层黄衣，清晰的沟回，雪白的桃仁，就如同一件艺术品。

核桃：素有"长寿果"之称，含有丰富的蛋白质、脂肪、矿物质和维生素。核桃仁能补肾助阳、补肺敛肺、润肠通便。鲜核桃含有更加丰富维生素 E，可以补肝肾、延缓衰老。其富含的精氨酸，有助于削减动脉硬化、让动脉保持弹性，富含的抗氧化剂和 α–亚麻酸，有助于动脉健康。

用料
〉〉

新鲜核桃仁、花生、冰糖、芝麻、鲜炖燕窝

制作

❶ 先把所有食材放入料理机，再倒入适量清水。

❷ 粉碎搅拌，打到基本看不到颗粒，颜色变成奶白色的时候就可以了。

❸ 找一个过滤网，反复过筛一下，让浓浆留下，滤掉渣。

❹ 将核桃浆倒入锅内，用大火烧开，其间要不断搅拌防止粘锅哟。

❺ 最后盛到好看的器皿内，加上炖好的燕窝就好啦！

一杯口味香浓的核桃花生燕窝羹就这么做好啦！不仅口感细腻爽滑，更是营养丰富，再撒上点核桃碎，边吃边喝美滋滋哒。

小贴士

肺炎、支气管扩张等患者不宜食核桃。

紫薯银耳莲子燕窝粥

紫薯：含有丰富的膳食纤维、淀粉、维生素、微量元素及胡萝卜素等多种功能性因子，具有抗氧化、抗肿瘤、预防高血压，增强机体免疫力等功能。

银耳：含有蛋白质、脂肪和多种氨基酸、矿物质。银耳多糖是银耳最重要的有效成分，能够增强人体免疫功能，起到扶正固本作用。

用料
〉〉
紫薯、银耳、莲子、冰糖、鲜炖燕窝

制作
❶ 紫薯洗净，切小丁。
❷ 银耳泡发，除杂质，撕小朵。
❸ 去芯莲子，放入水中泡 3 小时后，捞出。
❹ 将莲子、银耳、紫薯、冰糖依次放入加热杯中，炖煮 90 分钟。
❺ 盛出煮好的紫薯银耳莲子粥，加入鲜炖燕窝。

┌─ 小贴士 ─
│
│　　银耳撕成小片比较容易炖烂。小
│　火慢炖，银耳才能将胶质煮出来。
└

冬虫夏草炖燕窝

冬虫夏草：具有补肾益肺，止血化痰功效。主治腰膝酸痛、久咳虚喘、劳嗽痰血。

用料
》》
燕窝、冬虫夏草、水

制作
❶ 燕窝泡发沥干备用。
❷ 冬虫夏草洗干净泡水 2 小时。
❸ 把燕窝、冬虫夏草放入炖盅，加入泡冬虫夏草的水，隔水炖 30 分钟即可。

小 贴 士

虫草有草补阴虫补阳的说法，所以不要分开来吃。

虫草除了男性可以吃，女性也可以吃，免疫力低的人群吃，效果特别好。

寒露

寒露是气候从凉爽到寒冷的过渡。

寒露时节，天高气爽，昼热夜凉，梧桐落黄，秋菊飘香。愿在寒露时节，在这个秋日，你能收获好心情。寒露时令秋意浓，枫染山川云水红。风入蒹葭织画卷，花香唤梦与君逢。

《池上》

唐·白居易

袅袅凉风动，凄凄寒露零。

兰衰花始白，荷破叶犹青。

独立栖沙鹤，双飞照水萤。

若为寥落境，仍值酒初醒。

寒露：初候，鸿雁来宾。宾，客也。先至者为主，后至者为宾，盖将尽之谓。二候，雀入大水为蛤；飞者化潜，阳变阴也。三候，菊有黄花。诸花皆不言，而此独言之，以其华于阴而独盛于秋也。

石斛羊肉汤燕窝

石斛：是药用范围较广的中药，其中生物碱为其主要药理活性成分，具有降血糖、改善记忆、保护神经、抗白内障、抗肿瘤等作用。

羊肉：能御风寒，又可补身体，对一般风寒咳嗽、慢性气管炎、虚寒哮喘、肾亏阳痿、腹部冷痛、体虚怕冷、腰膝酸软、面黄肌瘦、气血两亏等症状有补气养血、暖肾补肝的作用。

用料
》》

干盏燕窝、羊肉、铁皮石斛、山药、盐少许、生姜、红枣、枸杞

制作

❶ 燕窝泡发炖煮好备用。

❷ 石斛、羊肉洗净准备好，生姜切片。

❸ 羊肉焯水去腥味。

❹ 所有食材一起放入砂锅内，再加 1 勺料酒，适量加水。

❺ 炖煮 8 小时，倒入燕窝，滋补石斛燕窝养生汤出锅。

小贴士

羊肉放在开水锅中加热去腥后，炖出的汤才会鲜而不腥。

牛肉燕窝羹

富含铁质，有补血养血之功效。

用料

〉〉

燕窝、牛肉、生姜少许、小白蘑（松茸等其他菌类也可）、香菜、木薯淀粉、花生油适量、鸡蛋

制作

❶ 燕窝泡发炖煮好备用。

❷ 牛肉清洗干净，切成牛肉丁，挤出姜汁倒入牛肉中，抓捏均匀，备用。牛肉飞水，不用沸腾，稍变色捞起，过冷水备用。

❸ 小白蘑洗干净切碎末，开水焯小白蘑捞出备用。

❹ 清洗干净香菜，切成香菜碎，鸡蛋打散。

❺ 锅中倒一点油，香菜头下去，爆香，牛肉、小白蘑下锅炒香。

❻ 木薯淀粉调成水淀粉。

❼ 加入开水，沸腾后调入水淀粉，撒上一点盐，关火。立刻倒入打散的两个鸡蛋，搅散。

❽ 开火沸腾，香菜碎进去，推匀；撒入一些胡椒粉，倒入炖好的燕窝。

小贴士

牛肉可先用水浸泡将血水泡出来。

陈皮红豆莲子燕窝羹

新会陈皮：理气健脾，燥湿化痰。多用于脘腹胀满，食少吐泻，咳嗽痰多。

红豆：富含有铁元素、维生素 B、蛋白质、钙等，具有利尿、补血去水肿等功效。

莲子：具有补脾止泻、止带、益肾涩精、养心安神之功效。常用于脾虚泄泻、带下、遗精、心悸失眠。

用料 燕窝、红豆、建宁莲子、新会陈皮、冰糖

制作

① 燕窝泡发炖煮好备用。

② 红豆、莲子洗净泡浸 2 小时。

③ 陈皮用温水泡浸至软。

④ 把泡好的红豆和陈皮放入锅中加入适量清水。

⑤ 大火煮开后转中小火煮 2 小时左右煮至红豆起沙，加入冰糖。

⑥ 加入炖好的燕窝即可。

小贴士

红豆浸泡的时间可以长一些。

霜降

天气渐寒始于霜降，霜降是秋季的最后一个节气。

霜降时节，是养生保健的重要节点，民间有谚语"一年补透透，不如补霜降"，足见这个节气对人们影响之大。诗言："霜叶红于二月花"。霜降过后，枫树、黄栌树等树木在秋霜的抚慰下，开始变成漫山遍野的红黄色，如火似锦，非常壮观。

《早冬游王屋》

唐·白居易

"霜降山水清，

王屋十月时。

石泉碧漾漾，

岩树红离离。"

霜降：一候豺乃祭兽：豺狼将捕获的猎物先陈列后再食用。二候草木黄落：大地上的树叶枯黄掉落。三候蛰虫咸俯：蜇虫也全在洞中不动不食，垂下头来进入冬眠状态中。

榛子巧克力燕窝饮

榛子：被誉为"坚果之王"，除脂肪、糖类、蛋白质含量丰富外，还有胡萝卜素、维生素 A、维生素 B₁、维生素 C、维生素 E 等。榛子可补脾胃、益气力、明目，对夜尿多、消渴等肺肾不足者颇有帮助。

用料
≫

榛子、巧克力、牛奶、鲜炖燕窝

制作

① 将巧克力放入不粘锅内。

② 将鲜牛奶倒入锅内。

③ 不停搅拌，直到巧克力和牛奶充分融合在一起。

④ 将巧克力牛奶倒入杯中。

⑤ 再将榛子仁撒入。

⑥ 最后将我们鲜炖燕窝倒入，一杯暖心又舒心的榛子巧克力牛奶燕窝就做好啦！

一口浓郁的巧克力牛奶燕窝，喝一口还有好多榛果在里面，大口大口地边吃边喝，感受那浓郁的香味在嘴巴的温度中散开，让寒冷融化，缓慢地温暖身心。

小贴士

榛子与牛奶、巧克力和燕窝是完美结合，带来前所未有的美味体验。

金银果炖燕窝

白果：清除燥热，润肺定喘，收沥止带。

红枣：有"脾之果"之称及具有补脾益气作用。

龙眼肉干：又称桂圆干，具补益心脾，益气养血，宁心安神等作用；凡失眠健忘，心悸心慌，妇女产后及气血不足者皆可食用。

用料
》

燕窝、龙眼肉干、红枣、白果肉、冰糖、水

制作

❶ 浸发及炖煮燕窝，沥干后备用。

❷ 白果肉洗净，龙眼肉干洗净，红枣去核洗净。

❸ 红枣，白果肉加水以中火煮 30 分钟，放入炖盅，加入燕窝，以慢火炖 20 分钟。

❹ 加入龙眼肉干和冰糖，继续炖煮 15 分钟，即成。

小贴士

如果喜欢清淡可以不加冰糖，龙眼肉自带清甜。

杏仁茶燕窝

"清晨市肆闹喧哗，润肺生津味亦赊。一碗琼浆真适口，香甜莫比杏仁茶。"

——《天桥杂咏》

杏仁茶是老北京的早点之一，又称杏仁酪或杏酪，清初朱彝尊撰著的《食宪鸿秘》中提到的"杏酪"："京师甜杏仁用热水泡，加炉炭一撮，入水，俟冷，即捏去皮，用清水漂净，再量入清水，如磨豆腐法带水磨碎。用绢袋榨汁去渣，以汁入调、煮熟，如白糖霜热哄。或量加个乳亦可。"

杏仁：含有大量的各种脂类和微量元素，使人肌肤润泽有光泽，同时还有大量的维生素 E，可以抗氧化，防止各种因素对面部的损伤，从而达到极好的去斑功效，使人皮肤延缓衰老。杏仁茶燕窝，在蜜甜的滋养中，带来双倍养肤惊喜。

用料
>>
燕窝、杏仁、糯米粉、砂糖、糖桂花

制作
① 杏仁用温水泡片刻，去其外衣，留白仁。
② 将剥好的杏仁，添水，一并放入研磨机中研磨成浆。
③ 将磨好的杏仁浆用细纱布过滤，留汁去渣。
④ 过滤好的杏仁汁倒入锅中，添水，煮开。
⑤ 将糯米粉和糖用少许水调开，倒入锅中。
⑥ 不停搅拌至稍稠，即可关火。
⑦ 盛出后，淋上少许糖桂花，杏仁茶燕窝就完成了。

小贴士

如果能买到磨好的杏仁粉也可以使用，但要磨得极细才好。

立冬

立冬，十月节。立，建始也；冬，终也，万物收藏也。水始冰。水面初凝，未至于坚也。地始冻，土气凝寒，未至于拆。

立冬过后，就表明冬季正式开始了，天气越来越冷，农作物收割后都要储藏起来。人们也需要进行滋补来增加肌体的御寒能力。

冬季在饮食养生方面，中医学认为应少食咸，多吃点苦味的食物，道理是冬季为肾经旺盛之时，而肾主咸，心主苦。从祖国医学五行理论来说，咸胜苦、肾水克心火。若咸味吃多了，就会使本来就偏亢的肾水更亢，从而使心阳的力量减弱，所以应多食些苦味的食物，以助心阳。这样就能抗御过亢的肾水。正如《四时调摄笺》里所说：『冬月肾水味咸，恐水克火，故宜养心。』

元代忽思慧所著《饮膳正要》曰：『冬气寒，宜食黍以热性治其寒。』也就是说，少食生冷，但也不宜燥热，有的放矢地食用一些滋阴潜阳，热量较高的膳食为宜，同时也要多吃新鲜蔬菜以避免维生素的缺乏，如：牛羊肉、乌鸡、鲫鱼，多饮豆浆，牛奶，多吃萝卜、青菜、豆腐、木耳、银杏果等。

《立冬》

唐·李白

冻笔新诗懒写，寒炉美酒时温。

醉看墨花月白，恍疑雪满前村。

立冬：初候，水始冰。二候，地始冻。三候，雉入大水为蜃。蜃，蚌属。

五黑燕窝粥

五黑集合了黑豆、黑芝麻、黑枣、黑米、桑葚的营养功效，对于健脾暖肝、补血益气、开胃益中、滑涩补精、舒筋活血，延缓衰老等有很好的效果。

黑豆：具有补肾、补五脏、暖胃肠、壮筋骨、活血化瘀、祛风、解毒、益寿的良好功效，对抑制高血压、滋补强身、抗衰耐老，均有良好的疗效。

黑米：含膳食纤维较多，利于肠道蠕动。黑米中的钾、镁等矿物质还有利于控制血压、减少患心脑血管疾病的风险。

黑芝麻：维生素 E 含量高，不仅能推迟细胞衰老、延长细胞寿命，而且有利于减少面部皱纹、消除动脉血管上沉淀物，促进胆固醇代谢，对延年益寿卓有功效。

黑枣：补中益气、养胃健脾、养血壮神、润心肺、调营卫、生津液、悦颜色、通九窍、助十二经、解药毒、调和百药。

桑葚：经科学鉴定鲜果中含有大量游离酸和 16 种氨基酸，此外还含有人体缺少的锌、铁、钙、锰等矿物质和微量元素，以及胡萝卜素、果糖、葡萄糖、丁二酸果胶、纤维素等，被誉为"第三代水果"。

用料

黑枣、黑米、黑豆、黑芝麻、核桃、桑葚、燕窝

制作

① 燕窝泡发炖煮备用。

② 黑豆提前泡 3 小时。

③ 黑豆、黑米、黑芝麻、黑枣、核桃放入炖盅中，加适量水煮开。

④ 待食材全部沸腾熟透，关闭按钮。

⑤ 盛出五黑水，加入鲜炖燕窝。

小贴士

桑葚、燕窝含有大量脂肪酸成分，能够减少血液中脂肪含量，对一些中老年疾病具有一定预防作用。

黄金年华燕窝

仿佛兮若轻云之蔽月，

飘摇兮若流风之回雪。

远而望之，皎若太阳出朝霞。

迫而察之，灼若芙蕖出渌波。

黄金耳：因其颜色金黄，又称黄木耳，因其形似人脑，又称脑耳。
黄金耳含有丰富脂肪，蛋白质和磷、硫、锰、铁、镁、钙、钾等
微量元素，是一种营养滋补品，并可作为药用。黄金耳的滋补营
养价值优于银耳、黑木耳等胶质菌类，是一种理想的高级筵宴佳
肴和保健佳品。

雪莲子：属高能量、高碳水化合物、低蛋白，低脂肪食物。具有
养心通脉、清肝明目等功效。

用料　黄金耳、桃胶、雪莲子、冰糖、燕窝

制作

❶ 燕窝泡发炖煮备用。

❷ 取适量桃胶、雪莲子放入容器中，倒水浸泡。桃胶泡发 12 小时，
雪莲子泡发 2 小时。

❸ 处理干净的黄金耳，切小朵。

❹ 将黄金耳，泡发后的桃胶、雪莲子依次倒入炖盅，加适量水。

❺ 开火，炖煮过程中需不断搅拌，待汤浓稠相宜时放入冰糖。

❻ 关火，盛入杯中，加鲜炖燕窝。

小贴士

孕妇忌食。

椰汁西米燕窝糕

椰子：椰肉中含有大量的脂肪酸，蛋白质和维生素 B_1、维生素 C、维生素 E，以及钾、钙、镁等多种微量元素。

用料
》

燕窝、泰国西米、新鲜班兰叶片、砂糖、熟玉米粒、椰浆、玉米淀粉、盐、砂糖、水

制作

① 燕窝清洗泡发炖煮沥干备用。

② 制作班兰盒子：将班兰叶洗净后头尾剪去取中间部分，做成 35×35（cm）大小的盒子（大小可以自己调整）分别在 35cm 处剪至中间部分，不要剪断，最后在 17.5cm 处剪断共 5 等分（量度剪得越精准成品形状越方越好看）。从中间开始叠，每片从下叠上去，叠至第 4 片时要注重上下交叉叠进去（这里如果没交叉叠进去盒子底部会翘起不工整）底部必须交叉叠，一定要上下交叉，最后底部和侧面收尾处分别贴上透明胶纸。

③ 锅中放适量水煮开加西米小火煮 15 分钟（中途不时搅拌），关火加盖焖 20 分钟，西米完全透明后倒在筛上用冷水冲洗沥水。

④ 再把糖、玉米粒、百合粒倒入锅中重新加热搅拌至糖溶解，即可关火。

⑤ 趁热将西米放在班兰叶上（每个 5 分满）。

⑥ 燕窝铺一层在中间部位，约 7 分满。

⑦ 加水入玉米淀粉完全拌至无颗粒，另加入砂糖和椰浆、盐倒入锅中加入剪块的班兰叶小火加热至刚沸腾，慢慢倒入拌匀的玉米淀粉水，再煮至沸腾呈浓稠状关火，放置几分钟后把班兰叶取出，扔掉。

⑧ 趁热倒在燕窝西米上，最后可以加 1 颗玉米做点缀。放凉后放冰箱冷藏至凝固即可。

> **小贴士**
>
> 煮西米时要不断搅拌，否则西米容易粘在一起，并且容易粘锅烧糊。煮西米不能用大火长煮，否则西米煮太烂了就不弹牙了。

小雪

古籍《群芳谱》中说："小雪气寒而将雪矣，地寒未甚而雪未大也。"意思是，"小雪"节气由于天气寒冷，降水形式由雨改为雪，但此时由于"地寒未甚"，雪量还不足，因此称作"小雪"。进入该节气，寒潮和强冷空气活动频数较高，气温明显下降。

小雪节气，天地间已呈现一幅初冬的萧瑟景象，但依然有一股勃勃生机。阳光下的红枫叶，满目璀璨，绚丽嫣然；满目金黄的银杏树，美得像一幅画。

《小雪》

唐·戴叔伦

花雪随风不厌看，

更多还肯失林峦。

愁人正在书窗下，

一片飞来一片寒。

小雪：初候，虹藏不见，季春阳胜阴，故虹见；孟冬阴胜阳，故藏而不见。二候，天气上升，地气下降。三候，闭塞而成冬。阳气下藏地中，阴气闭固而成冬。

老母鸡汤炖燕窝

提起老母鸡汤，总会想起旧时旧事。在生活拮据的年代，祖辈的人们能接触到的最好滋补品大概就属老母鸡汤了。而且，一般只会出现在家里有孕妇分娩的情况下。

养了几年的老母鸡，在锅里炖上数小时，肉质炖得软烂，营养全部都凝于汤里，浓郁香气充斥在整个房间里……

鸡的全身都是药，有益五脏，补虚损，补虚健胃、强筋壮骨、活血通络、调月经、止白带等作用。

用料 老母鸡、枸杞、盐、姜母、人参、燕窝
⋙

制作
① 老母鸡切块。
② 鸡肉跟冷水同时下锅焯一下水，放养的老母鸡随便焯一下就好，水开以后十几秒钟就可以了。
③ 姜切片。
④ 加入生姜、盐、人参、水刚好淹没母鸡即可。大火烧开以后，文火慢炖3小时，枸杞最后放，因为枸杞炖久了会烂。
⑤ 老母鸡肚子里的蛋和鸡肝最后10分钟再放，肝老了不好吃，母鸡肚子里的蛋炖久了会影响汤色和口感。
⑥ 煮好以后，老母鸡汤加入燕窝入炖盅中隔水炖煮30分钟。

小贴士

适用于身体虚弱、年老体衰、肺结核、气管炎、贫血、营养不良等症。

南瓜燕窝羹

栽玉籽近柴门，夏结金瓜似小盆。

静立黄花依日影，斜攀绿蔓印烟痕。

三分秀色农家韵，几缕清芬故土魂。

尽道粗粮能保健，粥汤一碗度朝昏。

南瓜：富含多糖类、类胡萝卜素、果胶、矿质元素、氨基酸等多种营养成分；能提高机体免疫功能，促进骨骼的发育。

用料
≫

燕窝、南瓜、牛奶、冰糖

制作

❶ 燕窝泡发炖煮备用。

❷ 南瓜蒸热后加入牛奶、冰糖浆，搅拌机搅拌。

❸ 将南瓜泥倒入锅中煮开。

❹ 将南瓜泥装入器皿底层后将燕窝放入进行摆盘。

小贴士

南瓜蒸熟后，瓜内水需要倒出。

南瓜本身就非常甘甜，所以冰糖可以按个人喜好酌情添加。

橙味燕窝

秋露凝浆细，

朝阳入色深。

冰罃不须捣，

恐碎衾蹄金。

橙子起源于东南亚，是柚子与橘子的杂交品种。有很高的食用、药用价值。可以剥皮鲜食其果肉，果肉可以用作其他食物的调料或附加物。因果皮含有芳香气味，古人也把它作薰香代品。《医方摘要》记载：每天吃一个橙子，可以使口腔、食道和胃的癌症发生率减少一半。可用于治疗胃阴不足，口渴心烦，饮酒过度，消化不良，胃气不和，恶心呕逆等症状。

以鲜橙为主角，做出的橙味燕窝，为寒冷冬日增添无限蜜甜。

用料
≫
橙子、芦荟、蜂蜜、盐、鲜炖燕窝

制作
❶ 将橙子一分为二切开。

❷ 用榨汁机榨汁。

❸ 杯底加入芦荟，倒入鲜榨橙汁，加鲜炖燕窝。

❹ 橙子洗干净，1/5 处切两半，一大一小。

❺ 用筷子适度捣橙肉，橙汁冒出为佳放入少许盐。

❻ 将橙子合起来，放在碗中，置于蒸锅里蒸。

❼ 然后拿出橙子，用勺子挖出橙肉，放入碗中；倒入蜂蜜，倒入鲜炖燕窝。

小贴士

橙子本身有一定的甜度，所以一般不需额外加糖。

大雪

大雪节气翩然而至，春耕、夏耘、秋收、冬藏。大雪时节，万物潜藏，养生也要顺应自然规律，在「藏」字上下功夫。起居调养宜早眠早起，并要收敛神气，特别在南方要保持肺气清肃。

《问刘十九》

唐·白居易

绿蚁新醅酒，

红泥小火炉。

晚来天欲雪，

能饮一杯无？

大雪：初候，鹖鴠不鸣。鹖鴠，音曷旦，夜鸣求旦之鸟，亦名寒号虫，乃阴类而求阳者，兹得一阳之生，故不鸣矣。二候，虎始交；虎本阴类。感一阳而交也。三候，荔挺出。荔，一名马蔺，叶似蒲而小，根可为刷。

阿胶燕窝

一碗甜滋滋的阿胶燕窝，给予你无与伦比的好气色。肤色红润有光泽，白里透着婴儿肌般的幼嫩。

阿胶，一直是养气血当仁不让的首选。《神农本草经》：主心腹内崩，劳极洒洒如疟状，腰腹痛，四肢酸痛，女子下血，安胎。阿胶能补气养血，滋阴润肺，用于气血两虚，头晕目眩，心悸失眠，食欲不振及贫血。

用料　　燕窝、红枣、枸杞、老姜红糖、阿胶、龙眼干

制作　❶ 燕窝泡发好备用。

❷ 阿胶打粉。

❸ 红枣去核后和准备好的枸杞、龙眼干洗干净放进炖盅里面，加入红糖、水，加盖隔水炖 1 小时。

❹ 阿胶一勺放进去烊化，放入燕窝，隔水继续炖 30 分钟即可。

小贴士

　　阿胶适合饭前服用，而燕窝是适合早上空腹前食用的，所以建议燕窝炖阿胶可选择在早上空腹时食用。特别注意的是，感冒期间禁止食用，孕妇、糖尿病人需要在医生的建议指导下食用。

玫瑰姜香黑糖燕窝饮

玫瑰花：含有多种微量元素，维生素 C 含量高，性温，有活血和驱寒的功效。

用料
⋙

鲜炖燕窝、平阴玫瑰花、黑糖、奶油、珍珠西米

制作

❶ 准备一锅足量的水，待水煮沸时将珍珠西米放入锅内并搅动，使其不粘锅底，保持滚沸约 20 分钟后，焖 10 分钟，捞起香 "Q" 有嚼劲的珍珠西米用冰水冰镇备用，珍珠西米汤不要倒掉，备用。

❷ 将平阴重瓣玫瑰花放在泡黑糖的水中一起泡一会，泡出玫瑰花特有的精油。

❸ 将玫瑰花、水和黑糖一起放入珍珠西米汤的锅内煮沸。

❹ 将已经冷却的珍珠西米放入漂亮的容器内。

❺ 准备泡打奶油，奶油中可以加入玫瑰花瓣，这样做出来的奶油有一股淡淡的玫瑰香。

❻ 将熬制出来的黑糖玫瑰汤水倒入杯中。

❼ 放入炖好的燕窝。

❽ 最后挤上奶油造型，撒上玫瑰花碎，一款高颜值又养生美味的玫瑰黑糖燕窝饮即成。

玫瑰搭配黑糖，更添了一丝情意，平抚心情，滋养身体，好好宠爱自己。

小贴士

黑糖和玫瑰都是暖胃美容哒，适合爱甜品爱养生的妹子们。

党参黄芪燕窝炖鸽子

党参：具有补中益气，健脾益肺之功效。党参有增强免疫力、扩张血管、降压、改善微循环、增强造血功能等作用。此外对化疗放疗引起的白细胞下降有提升作用。

黄芪：具有增强机体免疫功能、保肝、利尿、抗衰老、抗应激、降压和抗菌作用。

用料

>>

鲜炖燕窝、鸽子、党参、黄芪、虫草花、枸杞、盐、蚝油、生抽、姜

制作

1. 鸽子用流水洗净，沥干一下或用厨房纸巾吸干水。鸽子肚子里倒入生抽、蚝油，给它抹匀，掏出来一些给鸽子身上翅膀、腿上也都涂抹按摩一下，然后静置半个小时左右入味。
2. 姜切片，黄芪、党参、虫草花提前浸泡 10 分钟左右，然后过几遍水洗干净。
3. 砂锅里放入姜片、党参、虫草花、黄芪、盐，把腌好的鸽子放入，倒入温水，没过大半只鸽子。大火烧开后转小火炖 1.5 小时。出锅前半小时加入燕窝，继续炖 30 分钟。
4. 枸杞洗一下最后放入。

小贴士

趁热吃会更美味哦。

冬至

冬至大如年，纳履添新岁。冬至是养生的大好时机，主要是因为「气始于冬至」。因为从冬至开始，生命活动开始由盛转衰，由动转静。此时科学养生有助于保证旺盛的精力而防早衰，达到延年益寿的目的。

冬至时节饮食宜多样，谷、果、肉、蔬合理搭配，适当选用高钙食品。

《小至》

唐·杜甫

天时人事日相催，冬至阳生春又来。

刺绣五纹添弱线，吹葭六琯动浮灰。

岸容待腊将舒柳，山意冲寒欲放梅。

云物不殊乡国异，教儿且覆掌中杯。

冬至：初候，蚯蚓结；阳气未动，屈首下向，阳气已动，回首上向，故屈曲而结。二候，麋角解；阴兽也。得阳气而解。三候，水泉动，天一之阳生也。

乌鸡汤炖燕窝

乌鸡：含有 18 种氨基酸，包括 8 种人体必需氨基酸，食用乌鸡可以滋阴补肾、延缓衰老、对妇女缺铁性贫血症等有明显功效。是产后气血虚、乳汁不足的最佳补品，对于气血亏虚所导致的月经不调、子宫虚寒、痛经、崩漏带下、身体瘦弱等也有很好的改善作用，而且抗衰效果也很好哟。

乌鸡汤炖燕窝，凝结了乌鸡和燕窝大补精华，且脂肪和胆固醇含量都比较低，多吃也不怕胖，立刻动手做起来吧！

用料
≫
燕窝、乌鸡、枸杞、红枣、姜、盐、西洋参、桂圆

制作
❶ 燕窝泡发好备用。

❷ 乌鸡切块，洗干净。

❸ 西洋参、枸杞、桂圆、洗干净；生姜切片。

❹ 乌鸡和食材下锅。

❺ 加水熬煮 1.5 小时加入燕窝继续炖煮 30 分钟即可。

小贴士

可先将乌鸡氽水，去除腥味。

百合玉竹燕窝羹

枸杞：清肝明目，提高免疫力；杏仁可以镇咳化痰，还有祛风寒的好功效。

百合：理脾健胃、宁心安神、促进血液循环。

玉竹：养阴润燥、益气养胃。四种食材搭配在一起极适合冬季祛寒，滋补养阴，甘甜滋润，滑润爽口，既能进补，又能养生。

用料
》

鲜炖燕窝、枸杞、杏仁、百合、玉竹、冰糖

制作

❶ 燕窝泡发好备用。

❷ 将百合、玉竹、杏仁、矿泉水倒入炖锅。

❸ 煮 1 小时后加入燕窝炖煮 30 分钟。

❹ 倒入枸杞，放入冰糖，不喜甜可以少放一点。

❺ 最后，倒入漂亮容器内即可。

小贴士

这碗百合玉竹燕窝羹制作起来十分简单，但是搭配讲究，诸物合用不仅清口淡雅，滋阴润燥，长期饮用还可安神、助眠、强心、预防心脑血管疾病，可不要小看它哟。

梦深处燕窝羹

"小磨不知梦深处，香名美誉贡王侯。"黑芝麻是药食两用的食材代表，被誉为"八谷之冠"。

《本经》称黑芝麻有"益气力、长肌肉、填髓脑"的作用。

南朝仙师陶弘景曰："八谷之中，惟此为良。仙家作饭饵之，断谷长生。"

仲秋时节，正是秋芝麻结籽收获期，旧时还有寒露时节吃芝麻的说法。

一年身面光泽不饥，

二年白发返黑，

三年齿落更出。

——《本草纲目》

黑芝麻：含有大量的脂肪和蛋白质，还含有糖类、维生素 A、维生素 E、卵磷脂、钙、铁、铬等营养成分。有健胃、保肝、促进红细胞生长的作用，同时可以增加体内黑色素，有利于头发生长。服黑芝麻百日能除一切痼疾。对于体质虚弱的人来说，黑芝麻也是日常食补的首选。

用料　黑芝麻、糯米、老冰糖、鲜炖燕窝

制作
❶ 将泡了 2 小时的糯米、黑芝麻，加适量的水，放入料理机中研磨。
❷ 磨好后，用滤勺小心过滤，将残渣和黑芝麻糊浆分开。
❸ 过滤好的黑芝麻糊浆，加冰糖后中火加热。
❹ 加热过程中需不断搅拌，直至黏稠成糊状。
❺ 将黑芝麻糊盛入碗中，加鲜炖燕窝，用核桃点缀。

小贴士

黑芝麻炒熟后会更香浓。

糯米可用大米代替，但浓稠度会略低于糯米。

过滤需耐着性子完成，这是香滑浓稠的关键。

芝麻渣若不想浪费也可以做成豆渣饼。

小寒

随着小寒节气的到来，神州大地迎来一派严冬景象，小寒节气后养肾阳仍要合理进补，及时补充气血津液，抵御严寒侵袭，能使来年少生疾病。小寒进补时应食补、药补相结合，以温补为宜。

《小寒》

元·张昱

花外东风作小寒，

轻红淡白满阑干。

春光不与人怜惜，

留得清明伴牡丹。

小寒：初候，雁北乡；一岁之气，雁凡四候。如十二月雁北乡者，乃大雁，雁之父母也。正月候雁北者，乃小雁，雁之子也。盖先行者其大，随后者其小也。此说出晋干宝，宋人述之以为的论。二候，鹊始巢；鹊知气至，故为来岁之巢。三候，雉雊（亦作雉始雊）；雊，句姤二音，雉鸣也。雉火畜，感于阳而后有声。

燕窝蛋挞

用料 燕窝、蛋挞皮（半成品）、鸡蛋黄、低筋面粉、淡奶油、牛奶、细
砂糖、炼乳

制作
① 将燕窝泡发隔水炖煮沥干备用。
② 少量牛奶倒入低筋面粉中，搅拌顺滑后，加入除蛋黄以外的所有
材料，混合均匀。
③ 小火加热不停搅拌，至浓稠。
④ 离火降温后加入鸡蛋蛋黄，搅拌均匀，过筛后冷藏待用。
⑤ 沥干的燕窝放进蛋挞皮，蛋挞液倒入蛋挞皮中大约 7 分满左右即
可，放入预热好的烤箱中下层，家用烤箱 200℃ 20 分钟。
⑥ 装盘后蛋挞上也可再放沥干的燕窝装饰。

小贴士

蛋挞热热的吃口味很好，凉了以后
需要加热一下，家用烤箱温度 150℃ 8
分钟。

花胶炖燕窝

花胶：鱼的鳔，经剖制晒干而成。含有丰富的蛋白质、脂肪、胶质、磷质及钙质，具有补肾益精、滋养筋脉、止血、散瘀、消肿之功效。

用料
>>

燕窝、花胶、老母鸡、筒子骨、猪手、鸡爪、金华火腿、干贝、白胡椒粒、陈皮、大葱、姜、西芹、胡萝卜、香菜

制作

① 花胶洗干净，加姜放入蒸锅蒸 20 分钟。

② 然后直接放入冰水中泡发 48 小时。

③ 将鸡、猪手、筒子骨、鸡爪、金华火腿、干贝一起绰水（冷水下锅），烧开后再煮 10 分钟左右，捞出冲水清洗干净。

④ 将处理好的肉，放到汤桶里，加入调料和水，大火烧开，转小火煮 4 小时，煲到肉全部酥烂。

⑤ 转大火，不断搅拌 30 分钟，汤汁减少到一半，把汤汁过滤出来。

⑥ 过滤出来的鸡汤加入西芹、胡萝卜、香菜，再煮 20 分钟再过滤出来。

⑦ 取鸡汤、南瓜、藏红花（南瓜蒸熟，加少许鸡汤用搅拌机打成蓉，加入少许藏红花水）、盐、鸡汁、糖、香油适量。

⑧ 在花胶筒内塞入燕窝，与松茸、枸杞，一起放到鸡汤里，炖煮 30 分钟。

⑨ 加入南瓜泥，或者红花水，加入盐、糖，煮 15 分钟即可。

小贴士

浸泡好的花胶需切开一小段一小段，放两片姜焯一下，去掉腥味。

西洋参灵芝燕窝

西洋参：益气养阴，清火生津的作用，

灵芝：补气安神，止咳平喘的作用。

两者合用有益气、生津、安神、平喘等功效。

用料
》

燕窝、西洋参片、灵芝、红枣、熟水、盐

制作

① 浸发及炖煮燕窝，待凉后备用。

② 西洋参片、灵芝洗净，红枣去核，洗净。

③ 西洋参片、灵芝、红枣、放入炖盅内，注入熟水，以中火炖 2 小时，加入燕窝转慢火，再炖 30 分钟，即可。

小贴士

湿痰、咳喘及脾胃寒湿者不宜食用。

大寒

大寒，是天气寒冷到极点的意思。大寒是中国大部分地区一年中最冷的时期。

老话说：「大寒大寒，防风御寒。」大寒首要任务就是御寒，那一定是热腾腾的食物最让人爱啦！大寒时节，酌一杯小酒，喝一碗热腾腾的老母鸡汤，或吃一碗浓稠醇美的八宝燕窝粥，以御寒暖体。

《大寒吟》

宋·邵雍

旧雪未及消，新雪又拥户。

阶前冻银床，檐头冰钟乳。

清日无光辉，烈风正号怒。

人口各有舌，言语不能吐。

大寒：初候，鸡乳（亦作鸡始乳）；鸡，水畜也，得阳气而卵育，故云乳。二候，征鸟厉疾；征鸟，鹰隼之属，杀气盛极，故猛厉迅疾而善于击也。三候，水泽腹坚。阳气未达，东风未至，故水泽正结而坚。

燕窝草莓奶昔

草莓：被誉为"水果皇后"，含有丰富的维生素 C、维生素 E、草莓胺、叶酸、铁、钙与花青素等营养物质；其中维生素 C 含量极高。可用于清理肠道毒素，解决肠胃问题。

用料
⌄⌄

燕窝、草莓、牛奶、淡奶油、草莓雪糕

制作

❶ 浸发及炖煮燕窝，待凉后备用。

❷ 草莓去蒂洗净，将一半草莓切粒。

❸ 另一半草莓加入雪糕和牛奶，用搅拌器打成奶昔。

❹ 将奶昔倒入杯，加入燕窝和草莓粒，即成。

小 贴 士

草莓要新鲜的，如果草莓特别甜可以不放糖。

熟地黄精肉汤燕窝

熟地黄：滋阴补血，益精填髓。用于肝肾阴虚、腰膝酸软、骨蒸潮热、盗汗遗精、内热消渴、血虚萎黄、心悸怔忡、月经不调、崩漏下血、眩晕、耳鸣、须发早白。

黄精：根茎含有多种营养成分，包括糖分、脂肪、蛋白质、淀粉、胡萝卜素、维生素等，可用于脾胃虚弱、体倦乏力、口干食少、肺虚燥咳、精血不足、内热消渴等症及治疗肺结核、癣菌病等。

用料
>>

燕窝、瘦肉、红枣、当归、熟地黄、黄精、党参、龙眼肉、黄芪

制作

❶ 燕窝泡发备用。

❷ 瘦肉、红枣、当归、熟地黄、黄精、党参、龙眼肉、黄芪，加水隔水炖3小时。

❸ 捞出汤汁加入燕窝隔水炖30分钟即可。

小贴士

　脾胃虚寒、阳虚体质的人慎食。

碧色连天

豌豆：赖氨酸。赖氨酸是人体需要的一种氨基酸，是人体必需的氨基酸之一。

用料
〉〉

豌豆、洋葱、清水、牛奶、燕窝、食用盐、黑胡椒

制作

❶ 锅中加入适量清水，水沸后加入豌豆煮 5 分钟后捞出。

❷ 料理机中加入牛奶、黑胡椒、食用盐、熟豌豆、洋葱打碎。

❸ 用滤网过滤出豌豆汁。

❹ 加入燕窝即可。

小贴士

豌豆本身有点甜，喜欢甜口的选嫩豌豆。

图书在版编目（CIP）数据

燕筵：二十四节气中式燕窝美食谱 / 徐敦明，苏丹，陈楠编著. -- 上海：上海科学技术出版社，2022.11
ISBN 978-7-5478-5824-0

Ⅰ. ①燕… Ⅱ. ①徐… ②苏… ③陈… Ⅲ. ①保健食品－食谱 Ⅳ. ①TS972.161

中国版本图书馆CIP数据核字(2022)第176661号

燕筵——二十四节气中式燕窝美食谱

主编　徐敦明　苏　丹　陈　楠

上海世纪出版（集团）有限公司
上 海 科 学 技 术 出 版 社　出版、发行
（上海市闵行区号景路 159 弄 A 座 9F-10F）
邮政编码 201101　　www. sstp.cn
苏州美柯乐制版印务有限责任公司印刷
开本 787×1092　1/16　印张 14.5
字数 300 千字
2022 年 11 月第 1 版　2022 年 11 月第 1 次印刷
ISBN 978-7-5478-5824-0/TS·252
定价：128.00 元